U0290234

科 学 史 译 丛

世界的重新创造

现代科学是如何产生的

〔荷〕H.弗洛里斯·科恩 著

张卜天 译

商务印书馆
The Commercial Press
创于1897

H. Floris Cohen

De herschepping van de wereld（世界的重新创造）

Copyright © 2016 by Floris Cohen

Originally published in 2016 by Uitgeverij Prometheus，Amsterdam

根据德译本 *Die zweite Erschaffung der Welt* 译出，并根据剑桥大学出版社英译本
The Rise of Modern Science Explained:A Comparative History 修改。

本书翻译受北京大学人文社会科学研究院资助

《科学史译丛》总序

现代科学的兴起堪称世界现代史上最重大的事件,对人类现代文明的塑造起着极为关键的作用,许多新观念的产生都与科学变革有着直接关系。可以说,后世建立的一切人文社会学科都蕴含着一种基本动机:要么迎合科学,要么对抗科学。在不少人眼中,科学已然成为历史的中心,是最独特、最重要的人类成就,是人类进步的唯一体现。不深入了解科学的发展,就很难看清楚人类思想发展的契机和原动力。对中国而言,现代科学的传入乃是数千年未有之大变局的中枢,它打破了中国传统学术的基本框架,彻底改变了中国思想文化的面貌,极大地冲击了中国的政治、经济、文化和社会生活,导致了中华文明全方位的重构。如今,科学作为一种新的"意识形态"和"世界观",业已融入中国人的主流文化血脉。

科学首先是一个西方概念,脱胎于西方文明这一母体。通过科学来认识西方文明的特质、思索人类的未来,是我们这个时代的迫切需要,也是科学史研究最重要的意义。明末以降,西学东渐,西方科技著作陆续被译成汉语。20世纪80年代以来,更有一批西方传统科学哲学著作陆续得到译介。然而在此过程中,一个关键环节始终阙如,那就是对西方科学之起源的深入理解和反思。应该说直到

20世纪末，中国学者才开始有意识地在西方文明的背景下研究科学的孕育和发展过程，着手系统译介早已蔚为大观的西方科学思想史著作。时至今日，在科学史这个重要领域，中国的学术研究依然严重滞后，以致间接制约了其他相关学术领域的发展。长期以来，我们对作为西方文化组成部分的科学缺乏深入认识，对科学的看法过于简单粗陋，比如至今仍然意识不到基督教神学对现代科学的兴起产生了莫大的推动作用，误以为科学从一开始就在寻找客观"自然规律"，等等。此外，科学史在国家学科分类体系中从属于理学，也导致这门学科难以起到沟通科学与人文的作用。

有鉴于此，在整个20世纪于西学传播厥功至伟的商务印书馆决定推出《科学史译丛》，继续深化这场虽已持续数百年但还远未结束的西学东渐运动。西方科学史著作汗牛充栋，限于编者对科学史价值的理解，本译丛的著作遴选会侧重于以下几个方面：

一、将科学现象置于西方文明的大背景中，从思想史和观念史角度切入，探讨人、神和自然的关系变迁背后折射出的世界观转变以及现代世界观的形成，着力揭示科学所植根的哲学、宗教及文化等思想渊源。

二、注重科学与人类终极意义和道德价值的关系。在现代以前，对人生意义和价值的思考很少脱离对宇宙本性的理解，但后来科学领域与道德、宗教领域逐渐分离。研究这种分离过程如何发生，必将启发对当代各种问题的思考。

三、注重对科学技术和现代工业文明的反思和批判。在西方历史上，科学技术绝非只受到赞美和弘扬，对其弊端的认识和警惕其实一直贯穿西方思想发展进程始终。中国对这一深厚的批判传统仍不甚了解,它对当代中国的意义也毋庸讳言。

四、注重西方神秘学(esotericism)传统。这个鱼龙混杂的领域类似于中国的术数或玄学,包含魔法、巫术、炼金术、占星学、灵知主义、赫尔墨斯主义及其他许多内容,中国人对它十分陌生。事实上,神秘学传统可谓西方思想文化中足以与"理性"、"信仰"三足鼎立的重要传统,与科学尤其是技术传统有密切的关系。不了解神秘学传统,我们对西方科学、技术、宗教、文学、艺术等的理解就无法真正深入。

五、借西方科学史研究来促进对中国文化的理解和反思。从某种角度来说,中国的科学"思想史"研究才刚刚开始,中国"科"、"技"背后的"术"、"道"层面值得深究。在什么意义上能在中国语境下谈论和使用"科学"、"技术"、"宗教"、"自然"等一系列来自西方的概念,都是亟待界定和深思的论题。只有本着"求异存同"而非"求同存异"的精神来比较中西方的科技与文明,才能更好地认识中西方各自的特质。

在科技文明主宰一切的当代世界,人们常常悲叹人文精神的丧失。然而,口号式地呼吁人文、空洞地强调精神的重要性显得苍白无力。若非基于理解,简单地推崇或拒斥均属无益,真正需要的是深远的思考和探索。回到西方文明的母体,正本清源地揭示西方科学技术的孕育和发展过程,是中国学术研究的必由之路。愿本译丛能为此目标贡献一份力量。

张卜天

2016 年 4 月 8 日

中译本序

对于本书中译本的出版，我感到非常自豪。我的中文知识仅限于我在第一章讨论中国自然认识的一节中所使用的少数几项中文表达，如道、气、阴阳等等。因此，我实际上没有能力判断您所要读到的译本质量如何。然而，我知道译者张卜天博士是一位非常有学识的科学史学者。他采用的是译自荷兰文原文的德译本。我能够熟练地阅读德文，所以我确定德译本是一个非常可靠的文本。不仅如此，在我们非常愉快的电子邮件联系过程中，他注意到德译本与荷兰文原文之间有一些明显的小差异，在某些情况下我发现他是对的——我的德译者在一些小地方弄错了。所有这些都表明，我完全确信您所要读到的是对我大约 4 年前所写文字的准确可靠的翻译，我希望您在阅读它时能够获得我在写作本书时所享受到的那种乐趣。

我第一次了解中国科学史是在 1987 年，那时我开始深入研究李约瑟关于这一主题的工作。从那以后，我抛弃了李约瑟本人在解决现代科学为什么起源于欧洲而非中国这个大问题时所采取的许多进路。但我一向认为李约瑟是一个伟大的先驱者，一位真正的巨人，后人得以在他的肩上继续攀登，从而比他看得更远。我希望您能本着这种精神阅读本书。

H. 弗洛里斯·科恩
阿姆斯特丹（荷兰）
2011 年 10 月 16 日

目　　录

导言：旧世界与新世界

亲爱的读者朋友，假如你生于两百年前，你很可能会很穷，甚至是穷困潦倒。你或许会终生在土地上劳作，很难有什么改变。你的很多孩子可能会先你而去，只有少数能够顽强地幸存下来。你会理所当然地认为自己的寿命可能不会超过45岁。到了冬天，你需要亲自找柴火为乡间茅屋取暖。如果条件不错，你可用攒下的几个铜板换些东西，使生活安逸一些。如果不考虑日常交谈、婴儿啼哭和小鸡的咯咯啼叫，你将被一片寂静所笼罩。偶尔会从远处传来滚滚的雷声、悠扬的歌声和军队出征的鼓乐声，孤寂的钟声不时在耳畔响起。你会坚信有鬼怪、神灵或上帝引领和决定着生命特别是死后的一切，而不会对传统的绝对真理性有丝毫怀疑。

简言之，你所生活的那个世界可以被称为"旧"世界，它不同于我们现在所处的"新"世界。新世界会使我们变得越来越富有。在这个世界中，商品货物种类繁多，每个人都拥有很多东西，而且其中一些很快会被更先进的东西取而代之。我们的寿命预期要长很多，导致死亡的往往是各种不同的疾病。我们周围充斥着各种噪声。子女的数量比过去要少得多。我们会悉心照料他们，为其正确接种疫苗。他们前景美好，可能比我们活得更长。定期做礼拜的人并不很多，而且并非每个人都相信念诵的文本具有字面的

2 真理性。我们相信人生只有这一辈子，因为对于像彼岸世界那样的东西，即使我们带着最美好的意愿，也无法形成清晰的图像。如果想外出参加会议或度假，我们可以乘坐飞机、火车或汽车，几个小时便可到达目的地（这是以前无法设想的），而不用骑马或乘坐颠簸的轮船，几天、几周或几个月后才到达。

你我对这里所描述的现代生活方式已经司空见惯。但是对于世界上的大多数人来说却并非如此，或者说，尚未如此。认为刚才那幅图像已成现实的人数正在迅速增加，其余的人们则渴望获得那种物质享受。他们的这种目标已经变得非常现实。即使今天的穷人并不希望达到这个目标，他们也会为了子孙后代而这样去做。似乎所有人都认为，在数代之内便可从"旧"世界跃入"新"世界。

于是自然便引出了这种跃迁的历史起源问题。这种转变是何时、何地、如何以及为何产生的呢？

何时与何地的问题并不难回答：现代世界的产生是一种西方现象，其最初的迹象于 1780 年左右出现在英国。在不到一百年的时间里，欧洲和美国的面貌几乎彻底改观。

现代化的进程究竟是如何发展的？特别是，如何从一个"旧"世界产生出一个"新"世界的？这个历史转折点为何出现在欧洲文明中，而不是出现在中国、印度或者伊斯兰世界？这些都是历史学家需要面对的重大问题。过去一百多年来，已经有大量研究致力于解决这个难题，这里我们不作深入讨论。本书仅限于回答该问题的一个特定方面，它常常被忽视，有时会被顺带考虑一下，但其实至关重要。那就是，我上面列举的一系列对比都与现代科学存在着直接或间接的关系。

　　我们来看其中两种对比：其一，现代的噪音与前现代的宁静；³
其二，现代人不相信可以严格按照传统模式来具体设想死后的生
活，而前现代相信这一点。后一对比与我们对抽象自然定律的认
识有关，这些定律表述了在精确的条件下自然过程所遵从的固定
规则——自牛顿以来，它们一直被用来刻画自然认识。这些定律
使上帝、神灵等等关乎我们个人幸福的观念变得极为可疑。现代
科学是否真的强加了某种类似于"科学的世界图景"那样的东西，
这仍然是个问题。但它显然与传统宗教的世界图景相去甚远。

　　而前一对比，即前现代的宁静与现代的噪音，则无关乎前科学
的世界图景与现代科学世界图景之间的差异，而是涉及基于实际
经验的前现代技艺与基于科学的现代技术之间的对比。从我第一
次参观荷兰的 *Archeon* 考古主题公园开始，我就一直记得位于当
时主楼正后方的史前区域。人们一走进其中，便会感受到那种超
凡的宁静。这里完全听不到电台的流行音乐，或者是酒吧、餐馆等
地的背景音乐，也听不到卡车倒退时的嘟嘟声或邻居家的电钻声。
所有这些噪音不经意间突然隐没，是多么令人惬意！诚然，人们可
以听到几公里以外环城路上汽车的嗡嗡声，但它过于单调，很容易
没入背景。结果便是宁静，前现代的宁静。

　　当然，任何时代都有噪音。古代的开封或罗马一定也很喧闹，
其噪音甚至日夜不断。但那些噪音很容易避开，你只需离开这座
城市就可以了。特别是，这种喧闹并非有意地表达自我麻醉，亦非
随心所欲地播放那些毫无内容和意义的靡靡之音。现代世界则充
满着无法避开的噪音，而且那些被我们称为音乐的特殊的悦耳声
音，也有史以来第一次成了噪音背景的一部分。这种关于噪音和 ⁴

声音的日常经验为何会发生如此彻底的改变？其背后隐藏着什么东西？是谁躲在那背后？是谁造成了古代模式的根本改变？此种模式在世界各地可能略有不同，但从根本上讲还是相同的。

　　不错，这种转变是赫兹和马可尼造成的，但不只是他们。这两位卓越的物理学家和天才的工程师从未写过一个音符，也从未在他们的汽车中播放过立体声的电子打击乐。倘若活到今天，他们将困惑地发现，这些东西竟然源自于他们的发现和发明。然而，在为那些震耳欲聋的噪音而惊愕的同时，他们也不得不承认，倘若没有关于无线电波的理论预测及其在无线电报中的实际应用，这一切都不可能发展起来。他们至多会提到后来的许多科学家和工程师，这些人后来极大地深化了他们的尚属初步的电磁学知识，并使之在技术上可以操控。他们（尤其是赫兹）也可以进行回溯，把麦克斯韦当作卓越的电磁理论家。麦克斯韦会把法拉第看成系统研究电磁现象的先驱，法拉第又会把牛顿的工作当成科学研究的典范，而牛顿则会认为，是伽利略开创了一种合理可靠的科学研究方法。事实上，在这些研究者的著作和书信中就有这种对先驱者的追溯。赫兹完全清楚并且坦率地承认，如果没有麦克斯韦，他就不可能……就像如果没有法拉第，麦克斯韦就不可能……如此等等，一直到伽利略。诚然，伽利略有时会把"神圣的"阿基米德称为他的守护神，但他深知，他本人的科学方法本质上是正确的，而其本身并无真正的范例可循。

　　这样我们便来到了1600年左右，随着世界被重新创造出来，一个开端出现了。这一开端主要是一种思想的开端。数个世纪以来，希腊人和中国人、欧洲人和阿拉伯人、僧侣和俗众、单个思

想家和哲学流派，一直在冥思苦想自然世界的结构。从 1600 年
到 1640 年，伽利略、开普勒、笛卡儿、培根等人从根本上转变了这
些传统思想，虽然它们往往非常机巧，但最终却未能经受住更为精
确的检验。不仅出现了思想上的转变，而且还出现了与之密切相
关的实践上的转变。这种属于正在形成的现代科学的思想形式被
称为"动手思考"（hands-on thinking）[①]。在世界历史上，它第一
次使某些见解的实际内容有可能得到检验。"你断言某某东西，但
自然中真是这样吗？"到了 17 世纪，经历了种种谬误和挫折，这些
"动手的"思想家还制定出了程序和方法，以验证看似合理的断言
是否只是看似合理。至于这一切是如何发生的，以及如何能够这
样发生，我将尝试在本书中给出回答。

　　对于从伽利略到牛顿的一系列近乎奇迹的思想上和实践上的突
破，科学史家们已经给出了大量解释。（阅读广泛的读者也许还记得
E.J. 戴克斯特豪斯的《世界图景的机械化》[*The Mechanization of
the World Picture: From Pythagoras to Newton*] 一书，虽然已逾半
个世纪，但仍然是极好的论述。）我本人在《科学革命的编史学研究》
（*The Scientific Revolution. A Historiographical Inquiry*, 1994）一书
中为这些说明和解释开列了清单，并对其进行了比较和评价。但
是到目前为止，尚无一种可靠而系统的尝试能够解释通向现代科
学的关键步骤为何恰恰发生在欧洲，它可是伟大文明中的后来者。
为什么不是发生在有着发达传统科学的中国或伊斯兰世界？时下

---

　　① 　它是 1936 年 Denis de Rougemont 出版的 *Penser avec les mains* 一书的标
题，也是我老师的重要著作 R.Hooykaas, *Fact, Faith and Fiction in the Development
of Science*（Dordrecht: Kluwer, 1999）的第七章标题。

流传着太多的陈词滥调和草率回答，但对相关文明中的自然认识作深入系统比较的研究尚附阙如。在拙著《现代科学如何产生：四种文明，一次17世纪的突破》（*How Modern Science Came Into the World：Four Civilizations，One 17th Century Breakthrough*）中，我详细展示了我的研究发现，并请读者参阅大量专业文献。而在本书中，我首先面向的不是我的科学史家同行，而是广大读者。

要想看懂我在本书中的论述，读者们并不需要什么专业知识。对于其中偶尔出现的数学内容，我会用语词加以说明。比已经拥有知识更重要的是愿意把已有的知识暂时搁置起来。在本章中，我以"新""旧"世界之间的强烈反差开篇。我们只需环顾四周，把事物一个个抹去，便可想象出"旧"世界中的生活。让我们拔出插头，扔掉煤气炉，抛弃手机；嘿！那里的塑料垃圾袋是什么？还有小木棚，里面的自行车也可以拜拜了（小木棚本身倒可以保留下来）。同样，我请求读者朋友先把头脑中的那些现代概念忘掉。不要去想进化论和万有引力定律，也不要去管元素周期表。我甚至要请读者们把自己关于自然认识如何起源，以及关于这种认识如何逐渐和突然进步的看法暂时搁置起来。如果你读过托马斯·库恩，那么请不要轻易去想范式转换，我们会在阅读过程中明白这个概念是否可用。如果你喜欢卡尔·波普尔，那么在读完本书之前，试着抛弃那种你所信赖的可证伪性标准。如果你默认过去的科学其实和今天的差不多，只不过更简单一些，其中包含着简单的或古怪的谬误，科学史上的伟人已经将其一个个逐步消除，那么请设想这样一种情形，即根本不存在科学这种东西。自然界摆在我们面前，尚未被探索和发现，我们如何能够用思想和行动来把握它？

第一章　从头开始：古希腊和中国的自然认识

我们周围的自然界既充满魅力，又神秘莫测。为了使之顺服，比如在干旱或瘟疫肆虐之时，人们会信任魔法咒语。而要想解释它们，就需要动用诸神的世界了。在《伊利亚特》和《奥德赛》中有许多这样的解释：电闪雷鸣之时，是众神之王宙斯（朱庇特）在大发雷霆；火山喷发或地震时，是火神赫菲斯托斯（伍尔坎）在愤怒地锻造；雨过天晴时，彩虹女神伊里斯赶紧在天上划一道弧。其他文明的诸神世界也是一样，只是人格化有所不同。这种自然解释使得在某个领域完全有可能更深入地探究现象的本质。比如，通过系统地追踪星体在夜空中的轨道，巴比伦人能够对月亮、恒星和行星的位置作出非常准确的预测。通过细致地观察云在形成或鸟类迁徙时的细微差别，波利尼西亚人能够乘坐独木舟在海洋上顺利地找到数百英里的道路。

随着时间的推移，有相当多的文明获得了这种特殊的自然知识，其中两种文明又向前迈出了重要一步，那就是公元前6世纪的希腊人和大约与此同时期的中国人。两者都超出了那种宙斯－赫菲斯托斯－伊里斯型的自然解释，在完全不同的基础上形成了自己的世界图景。这并不是说他们远离了自己对神灵的信仰，而只是说,他们不再把变化无穷的自然现象归于这些神灵。相反,他们设计了秩序原则和解释框架,使之能够按照少数几种主导观念来解释和进一步探究整个自然。

人们吃饭时既能用刀叉,也能用筷子。记录语言时既能用字母,也能用文字。同样,人们也可以采取非常不同的方法来处理自然现象,并对其进行明确划分。的确,这种处理方法和划分在希腊文明和中国文明中显得完全不同。中国的方法主要以经验事实和实用为导向。公元2世纪的张衡试图找到地震发生的规律性,从而及时提供预警。这种以观察为基础的研究背后是一种在漫长的时间里明确下来的相互关联的世界图景,在这种世界图景中,所有现象都可以各居其位。而希腊的方法则不像中国那样"自下而上"(*bottom-up*),而是"自上而下"(*top-down*)——普遍化先于资料收集,经验事实被纳入一种理智构造,与实际问题的联系几乎不存在,思想非常抽象和理论化。在中国,秦始皇统一了全国,此后实现了一种综合,从那时起,这样一种方法和世界图景便大体确定下来,而希腊思想却发生了永久的分裂。在雅典,哲学的形态表现为抽象的理论构建,在亚历山大则表现为数学。例如在雅典,哲学家们大体解释了地球与宇宙其余部分的关系,而在希腊的殖民地亚历山大,数学家们则计算了天空中行星轨道的模型。

雅典与亚历山大的这种方法上的分歧具有至关重要的意义。如果对这两条道路没有足够清楚的认识,我们就无法恰当地解释很久以后现代科学的产生,因此,我们从这种二分开始讲述。我们先来考察雅典的自然认识方式(mode of nature-knowledge),然后考察亚历山大的,最后追问其主要差异存在于何处,以及分歧有多深。

雅典

　　每个人都能从哲学中受益。你可以从中寻求慰藉、智慧、思想训练、关于什么是好政府的思考、如何负责任地与他人交往等等。两千多年前的雅典产生了四个哲学学派，其中任何一个都提供了这些方面的内容。不仅如此，它们还有成熟的自然认识方式。每一个学派都声称自己已经认识到了自然的本质。无论是柏拉图建立的学园（Academy），还是他的学生亚里士多德建立的吕克昂（Lyceum），抑或斯多亚派（Stoa，字面意思为"柱廊"）的柱廊（colonnade），或者伊壁鸠鲁的花园（garden），在那里都可以了解到所有自然现象的最终原因。当然，每一个学派所讲授的内容各不相同。但它们有某种共通的东西：每一个学派都为同一个问题提供了自己的解决方案，这个问题就是变化问题。

　　变化如何会成为一个问题？我们难道没有看到周围的事物是如何不断变化的？树枝从树干上折断落到地上，水在太阳下蒸发，火山喷出熔岩，婴儿成长，成人萎缩成老人。追求自然认识岂不就是为了发现所有这些变化的规律性？早期的希腊思想家赫拉克利特难道不是用"一切皆流"这一美妙意象来形容这种持续变化的吗？

　　变化之所以会成为问题，应当归因于那些最伟大的早期希腊思想家，即所谓的前苏格拉底哲学家（活跃于苏格拉底之前）。巴门尼德曾在大约五十行的说教诗中把一切变化都称为假象。只有存在和不存在。中间形式或者从一方过渡到另一方都是无法设想的,否则就会产生矛盾。于是,要么变成的那个东西原先并不在那里,但这样一来便无法理解,现在的它是从哪里来的;要么变成的那个东西从一开始就在那里,但这样一来就不再有变化问题,因为一切都保持如常:

　　那么,现在存在的东西怎么可能消亡呢? 它如何可能产生呢?

　　如果它是过去存在的,现在就不存在;如果它是将来存在的,现在也不存在。

　　于是变化就被消除了,消亡也就不为人知了。①

10　　因此,存在与不存在之间的转变是不可想象的。如果我们相信自己知觉到了周围世界中的产生和变化,那么基于我们的知觉只能得出非常不幸的结论,我们必须接受一个事实,即感官无法使我们得到关于实在的可靠知识。这种早期希腊思想对于世界的理解让人又爱又恨,因为它宁愿得出这样一个冷酷的结论。就像思想史上经常出现的那样,这里充满灵感的狂妄最终得到了回报——一些研究希腊思想史的专家甚至认为,巴门尼德的六韵步诗尽管含混晦涩,但却使希腊思想发生了决定性的转折。

　　不过,遭到巴门尼德严厉谴责的感官知觉很快就得到了复原,但这并不是通过假装其间什么也没有发生而做到的。巴门尼德悖

---

　　① Parmenides, verses 19—21 of 'The Way of Truth',引自 Jonathan Barnes, *Early Greek Philosophy*（Harmondsworth: Penguin, 1987）, p. 134。

论——变化是不可能的，尽管有其外表——被创造性地改造为巴门尼德问题：如何才能既承认这个悖论本身，同时又使其无害，即通过一种同样严格的思想来拯救变化？如何才能使变化变得可以理解？

那四个哲学学派都是在前苏格拉底哲学家之后在雅典建立的，他们都把自己的出发点定为以自己的方式来解决巴门尼德问题。

柏拉图完全赞同巴门尼德的看法。他区分了不完美的现象世界和完美的理想形式世界，前者我们可以凭借感官知觉到，后者则不能被可知觉的现象充分反映。虽然存在着拥有各种可能性的松树、橡树、棕榈树，但真正重要的却是那个永恒不变的树的理念，即理想的树，所有具体形式的松树、橡树、棕榈树都源于它。认识自然、人和人类社会的努力总是以认识其理想形式为旨归。在柏拉图那里，这尤其关乎城邦的建立，它应当尽可能地体现正义的理念。不过，柏拉图在对话录《蒂迈欧篇》（*Timaeus*）中给出了他关于宇宙图景的构想。他讲述了一则创世神话，描述了一个智慧的造物主如何依照一些规则的几何图形来构造宇宙。在柏拉图看来，数学的重要性在于，几何图形可以使我们非常清楚地看到日常经验的世界与理想世界之间的差异。对于这个理想世界，我们只能思想，而不能感知。如果测量在沙地上画的三角形的各个角，并将它们加在一起，则可能得到大约 175 度。倘若有一个异常准确的直尺，得到的结果可能更接近 180 度。但我们永远也得不到完全精确的 180 度 0 分 0 秒，这只可能是数学证明的结果。只有在思想中构想的三角形的三个角，才可能完全无余数，这种完美性不会因为我们的感官而被破坏。因此，数学研究为最高形式的知识做好了准备，即在思想中看到理念世界中的那些理想形式。

就这样，柏拉图解决了巴门尼德的悖论：他虽然承认变化是真实的，但却宣称变化是次要的，真正重要的实在并不受其影响。然而，他的学生亚里士多德却再次把变化接受为同等价值的范畴。亚里士多德的创新之处在于区分了两种存在：一种是潜在的存在，另一种是现实的存在。于是，可以把变化理解为，作为可能性处于事物之中的东西朝着现实存在状态的展开。一个常见的例子是，一颗橡子（只是潜在的一棵橡树）长成一棵成熟的、真正的橡树。于是，变化就是所有变化者从一开始就承载着的目标的实现。本质或理想形式并非如柏拉图所教导的那样存在于另一个世界，而是就在物体本身之中，每一个物体都在一直尽其所能地实现其理想形式。

在伊壁鸠鲁的原子论中，巴门尼德的悖论又以另一种处理方法得到了解决。在这里，巴门尼德的那种铁板一块的存在分解成了无穷多个微小的存在碎块，即所谓的"原子"（Atom，来自希腊语，意为"不可分割的"）。这些无法觉察的、不能进一步分解的物质微粒在别无所有的空间中不停地运动。世界上的所有变化最终都是这些原子持续不断的重新组合，它们聚集成为天体、岩石或生物，但一段时间之后又会重新彼此脱离，形成新的组合。

根据原子论的说法，世界是由分离的单元组合而成的。但对于斯多亚派来说，首要主题却是万物的密切联系，不是其本质上的分离性，而是其牢不可破的连续性。在斯多亚派这里，变化表现为弥漫于整个宇宙的一种特殊介质——普纽玛（Pneuma）之中无时无刻、无处不在的张力改变。斯多亚派认为这种普纽玛是火与气的精细混合，是同时具有物质性和精神性的极为轻柔的东西，它把万事万物联系在一起。正如昆虫落入蜘蛛网时会产生非常纤柔的振动，普纽玛中的张力改变也会在自然中产生影响。另一个常用的类比是把石头扔进池塘时所泛起的涟漪，它在整个水面上引发的张力将以波峰和波谷的形式传播开去。

这四种对变化的解释和由此产生的自然图景相当不同。它们之间的分歧引起了无休止的争论——古希腊人热衷于辩论。亚里士多德的追随者会指责斯多亚派说，他们无法理解像普纽玛这样一种如此轻柔的东西如何可能把重得多和坚固得多的物体维系在一起。斯多亚派会这样回答，普纽玛的结合力源于构成它的气的弹性和火的不停活动。这样一种辩论的突出特点是，它几乎无法取得进展，因为人人都在坚持自己的前提。这种对斯多亚派自然观念的反驳的潜台词是，亚里士多德在其自然哲学中也假设了一种非常轻柔的东西，但它仅限于天界，本身不会产生影响；亚里士多德无论如何都无法把斯多亚派的普纽玛纳入自己的体系。这两种哲学的出发点或第一原则是相互排斥的。由于每一个雅典学派都声称自己的原则是如此显而易见以至于不可能被怀疑，所以想要在它们之间达成一致是不可能的。

不过，他们之间确实也有一些重要的共同点，这与他们的自然认识方式有关。四个学派都提出了一些第一原则来说明我们周遭世界的性质。每一套第一原则都必须具有绝对的确定性，其正确性不容置疑，当然也无法反驳。其解释功能是无限的，任何经验事实都可以毫无问题地纳入本质上由第一原则确定的整体图景。然而，每一个雅典学派都倾向于用某些观察事实来说明其第一原则。原子论者往往会说，如果在暗室中射入一束阳光，就会看到原子般的尘埃在飞舞。另一个例子是石阶的磨损——不知不觉中，每一脚踏上去都会磨掉石阶的若干原子，孔洞将会变得越来越大，直到最后石阶上不再有什么东西剩下来。在斯多亚派那里，石头在池塘中所泛起的涟漪也扮演着类似的角色，既可以提供被理论解释的经验事实，同时也用来说明理论。

因此，每一个雅典学派不仅提出了自己的世界图景，而且还以一种非常具体的方式这样去做了，在本书中，我们把这一概念称为自然哲学。无论在中国还是在文艺复兴时期的欧洲，我们都会看到一些世界图景，但它们并不是这种特殊意义上的自然哲学，而是更为松散的思想构造。这里的"世界图景"总是表示一种对现象之间关联的总体想法，而"自然哲学"则用在一种更狭窄的意义上。于是，如果某种世界图景以那种特定的"雅典的"认识结构为标志，我们就只谈及自然哲学，即能够解释一切的、无可置疑的、关于整个世界的一套第一原则。

然而，这些第一原则是否具有无可置疑的确定性是成问题的。倘若第一原则的体系只有一个，我们尚且可以轻松地说，世界能够根据这些第一原则简单地构建起来。但现在同时有四个这样的体系相互竞争，很难想象其中能有一个独占所有真理。第五个雅典学派的批评正是集中于这一弱点，它并未牵涉第五种哲学，而是试图建立一种反哲学。这便是怀疑论派。面对着几个均自称达到了完全确定性的哲学体系的争论，怀疑论派的创始人皮浪确信，人不可能获得完全确定的知识。我们的理智和感官会以多种方式欺骗我们，梦会迷惑我们的思想，色盲会歪曲我们的知觉，如此等等，不一而足。我们所认为的知识是虚假的，事实上，我们无法确定地知道任何东西。这一立场立即招致了反对，但皮浪显然断言有一点是可以确定知道的，那就是人不可能确定地知道任何东西。于是，怀疑论思想的最终结果是所谓的"悬搁判断"——对于超出我们直接知觉的东西，我们无法作出任何确定的断言，从而不能为归纳概括提供依据。"我看到并且感觉到在下雨"——我们所能断言的仅限于此。5个世纪以前的前苏格拉底哲学家英勇无畏的知识探险，竟落得个如此悲惨的结局！

亚历山大

倘若不是在距离雅典不远的地方发展出了另一种方法，也许希腊思想就不再能够继续发展下去。亚历山大大帝征服地中海东部之后，到了公元前300年左右，雅典附近出现了第二个知识中心，这便是由亚历山大大帝建立的城市亚历山大城。和雅典一样，这里也与一些前苏格拉底思想联系在一起。其重点是数学。数学这门学科并非希腊人的发明。保存下来的象形文字和楔形文字表明，早在希腊人以前数个世纪，人类的数学思维就已经达到了很高水平。埃及人能够计算底面为正方形的截顶金字塔的体积，巴比伦人能够用算术级数计算和求解二次方程。希腊数学与这种早期数学之间的很大区别是，希腊数学家从一开始就使用了证明。巴比伦人早就知道，直角三角形斜边的平方等于两条直角边的平方和，但他们把这一性质当成了计算规则，并且补充了一些可能会对

15　土地测量员有用的例子。公元前 6 世纪，毕达哥拉斯由此表述了一条抽象的一般定理，并且补充了证明，却忽略了实际应用。这种抽象的证明性的数学正合柏拉图之意：它很适合作为其理念学说的导引。在《蒂迈欧篇》中，柏拉图甚至把一组特殊的三角形当成了创世的基本构件。但在亚历山大，迅速发展的数学以完全不同于柏拉图的方法与自然现象世界联系在一起。毕达哥拉斯依然是一个很好的例子。

他发现有一种可以用感官感知的现象具有数学规律性。任意两个音通常很难配合好：它们听起来太"不搭调"或不和谐。除了许多不协和音程，还有一些音听起来像是完全融合在了一起，它们很悦耳，是和谐音。我们可以有系统地产生这些协和音程：先使一根弦发生振动，然后将它从正中间分开，使得振动弦的长度与总弦长之比为 1:2，然后使这个比是 2:3，最后是 3:4。这样，我们便得到了八度、五度和四度。毕达哥拉斯由此得出结论说，协和音程精确地符合简单整数比。

对毕达哥拉斯而言，这种特殊关系的发现是一次大好机会，可以把整个世界一举归结为数。在毕达哥拉斯及其追随者看来，宇宙本身是按照和谐比例构造出来的，其规律性已经被他发现；即使天体在运动时，也会产生和谐的和音，即所谓"天体的和声"。

由这些音程关系可以得到构成音阶的材料。亚历山大的大数学家欧几里得更加精确地研究了相应的比例。这时，他不再考虑整个世界是如何构造的——天体的和声更多是哲学家的玩具。欧几里得仅从数学上处理各个弦长之间数的比例，并作了精确推导和严格证明。

这种专业的处理方法一直是数学的自然认识方法的特征，大约从公元前 300 年开始，这种方法在亚历山大及其周边繁荣起来。其实践者是古希腊的那些也把"纯"数学提到很高水平的大数学家们，除欧几里得以外，主要还有阿基米德、阿波罗尼奥斯、阿里斯塔克和（几个世纪以后的）托勒密。除了谐音，还有四种特殊的自然现象适合作抽象的数学处理，即光线、固体的平衡状态、液体中的平衡状态，以及"漫游之星"（太阳、月亮和行星）的视位置。对于这些如此不同的现象，到底有什么东西是数学的呢？

对于这一点，光线表现得最清楚，因为光是沿直线传播的，所以这是最简单的二维几何图形。通过把光线表示为直线，托勒密提出了一些基本定律，涉及光在空气与水之间的反射（入射角等于反射角）和折射（不过后来证明，他所提出的定律是相当不准确的）。

对于杠杆定律（它描述了悬挂重物的长杆保持平衡的条件）适用的那些现象，要想与数学关联起来需要一些技巧。可以通过一种抽象的过程，把所有物质性的东西消除：把长杆表示成直线，重物并不真的悬挂起来，而只是设想用直线与之相连。

阿基米德不仅为杠杆定律提供了数学证明，而且还导出了物体在流体中浮沉的定律。由浮力定律最终可以确定不同物质的比重差异。这里没有考虑实际物体的各种形态，而是把物体抽象成了一个几何图形。

最后是天体在天穹上的位置：通过长年累月的比较，诸"恒星"好像在按照一个固定的模式跨过"天球"，而月亮和行星似乎并未遵循这一模式。顺便说一下，即使是太阳也是如此。四季的长度不尽相同。从春分到夏至再到秋分,要比从秋分到冬至再到春分多9天。行星亮度的变化也是不规则的——它们与地球的距离显然在改变。此外,夜间观察表明,它们相对于黄道各宫所走的轨道并非笔直:每颗行星有时都会逆行一段时间。尽管如此,亚历山大的数学家们还是希望能够准确预言行星在某一时刻会位于天空中的哪个位置。他们确定了三个出发点。地球静止于宇宙的中心,诸天体沿着圆周轨道匀速地绕地球旋转。只有上述带有不规则逆行的视轨道不是圆形。人们构造了复杂的模型来解决这个问题。这种努力在托勒密的《天文学大成》(后来阿拉伯人把它译为《至大论》[*Almagest*])中暂告完成。该模型以复杂的圆的组合为特征,宇宙中根本不可能实际存在这些东西。这些虚构的圆的组合有一个很大的好处,那就是借助这样一种模型,可以根据目前的行星位置准确地预言未来的行星位置,其预言大体符合当时最好的观测结果。

在所有这五个领域,数学自然认识的特点都是高度抽象。每种情况与实在的联系都不密切。实际摸得着的杠杆并不精确服从杠杆定律,尽管杠杆的形状越接近简单的直线,与数学精确值的偏差就越小。虽然为了直观地说明光线的反射和折射,可以把光线画成直线,但在反射或折射界面到底发生了什么,我们仍然不清楚。至于谐音,产生声音的弦的振动现象完全没有被考虑。数学的音乐理论仅对各个弦长(整个弦、半弦、三分之一弦等等)之比作了抽象讨论。

最后一位亚历山大伟人是托勒密,他很清楚这种高度抽象性。他在关于行星、谐音以及光的反射和折射的论著中,尝试与实在建立起一种更加紧密的联系。他努力把《天文学大成》中的圆的组合变成了三维。在其占星学教科书中，他把行星（更确切地说，是行星的观察视角）与地球上的气候和人的命运联系在一起。此外，他试图把毕达哥拉斯的谐音理论与亚里士多德的一个学生对旋律的讨论综合起来，还把他本人所描述的光线在两种介质界面的反射和折射与一种对眼睛功能的解释联系起来。现代科学家也许会嘲笑说，从今天的眼光看，托勒密在数学模型与实在之间建立桥梁的所有努力都是彻底失败的，但在历史学家看来，更重要的是要注意到，恰恰是这种失败使我们认识到，这里还有多么巨大的思想上的困难需要克服。只有事后看来才会感觉，从一种几乎纯粹抽象的数学科学发展出一种与自然现象关系更为密切的科学似乎是如此轻而易举。我在本书中恰恰是想表明，人类是如何达到这样一种科学的——部分是出于偶然的巧合，部分则来自于明显带有某些样式的一系列事件。其中一种样式便是我们现已碰到的两种自然认识方式之间的持久对立。

"雅典"与"亚历山大"：
两种自然认识方式的比较

　　我们已经看到，亚历山大的数学自然认识方式与实在几乎没有什么联系。这是它与雅典自然认识方式的一个非常重要的区别。后者着眼于实在——日常经验的实在，不过是从一种特殊的视角来看。柏拉图的学说也是如此，在他看来，克服日常经验的实在是如此重要。此外,与亚历山大人的不同还表现在,雅典人希望把自然现象置于一个整体之中来解释它们。如前所述,自然哲学家的任务是基于某些确定性无可置疑的第一原则来解释世界。人们会按照相应的第一原则来理解可知觉的现象,这些现象也可以用来说明那些第一原则。在讲授哲学学说时,每一位哲学家都偏爱那些最符合自己学派观点的现象。自然哲学家所关注的是:根据一劳永逸确定的、完全用语词表述的第一原则,导出定性的、非定量或几乎非定量的无所不包的解释。但在自然哲学家看来,自然哲学并不是全部。对自然本质的沉思永远与哲学的其他关键问题密切相关,比如城邦应当如何组织,如何过一种有美德的生活,如何进行逻辑争论,等等。

与此相反,数学的自然认识仅仅代表自身,某一陈述的正确性并不依赖于相邻领域的陈述是否为真。对于"雅典人"所认为的构成一切事物之核心的第一原则,"亚历山大人"并不感兴趣。"亚历山大人"不作解释,而是描述和证明,不是转弯抹角地用语词作定性说明,而是运用可以作计算的数学单元——数和形。对"亚历山大人"而言,知觉到的现象不是充当说明,而是作为数学分析的出发点,除此以外几乎所有东西都是抽象的。那著名的五类现象——谐音、光线、行星轨道和两种平衡态都是分别进行研究的,彼此之间并无关联,更不用说更大的总体关联了。它们之间唯一的共同点是都显然适合作数学处理。任何有教养的人都可以参加哲学辩论,而数学的自然认识方法却是高度专业化的。满足这一要求的少数人并不限于某一个领域,而是同时致力于若干个领域。于是,欧几里得不仅将几乎所有希腊数学知识系统地整合在一起,而且写了一些关于谐音和光线的论著。阿基米德在描述两种平衡态方面取得了重要成果，而在其他三个领域，托勒密的工作则代表着"亚历山大"思想的顶峰。

因此，"雅典"与"亚历山大"有根本的不同，绝不只是表现在内容上面。它们是两种不同的自然认识方式（modes of nature-knowledge）。这并不是一个常用的专业术语。我之所以会引入"自然认识方式"这个概念，是因为这里需要用一个适合的词来替代"科学"。为什么需要这样？今天的读者很难抵制住诱惑，要把本章及以下各章所讨论的自然认识与现代科学的那些典型的概念和做法联系起来。希腊人发明了原子，我们今天仍然在使用这个术语，所以我们很容易忽视，除了这个词本身，古代原子论与现代原子论几乎毫无共同之处，而且思维模式完全不同。此外，从现代眼光来看，我们在本章所考察的许多内容都有严重缺陷。把协和音程与产生每一个音的弦的振动联系在一起，这样做似乎非常明显，然而从毕达哥拉斯到托勒密，所有希腊人都没有迈出这简单的一步，是什么阻碍了他们呢？在历史学家看来，这决不是一个富有成效的问题。需要指出的是，希腊思想，无论是关于谐音还是其他对象，都是在两种不同思维模式的框架下发生的，这两种模式都不是现代科学的思维模式（尽管特别是"亚历山大的"思想与之不无共同之处），而是有其自身的特征和发展潜力。 21

在本书中，我把"自然认识方式"这一概念用作历史分析的单位。在某种程度上，每一种自然认识方式都是一套融贯的解释自然现象的方法，在许多方面不同于其他自然认识方式。自然认识方式可以在包含的范围上有所不同：既可能像雅典人那样，试图理解整个世界，也可能像亚历山大人那样，专注于小的片段。可以在面向日常经验的程度上有所不同，或者说抽象程度不同。可以在获得知识的途径上有所不同，即主要是借助思想还是借助感官。可以在实际做法上有所不同，也可以在价值、观察、实验、使用工具等方面有所不同。甚至目标也可以不同：既可以纯粹为了知识自身而追求知识，也可以为了实用而追求知识（比如为了航运或节省劳力）。最后是与其他自然认识方式进行交流的范围可能有所不同。（我们很快就会看到，雅典与亚历山大的自然认识方式之间明显缺乏互动。）

对于任何自然认识方式来说，都有一种特征尤其重要，我把它称为"认识结构"。追求知识是为了解释现象还是描述现象？如果是描述现象，那么是用语词进行描述，还是用数和形进行描述？如何处理经验事实？是将其看成自成一体的认识单元，还是看成一个预先设定的框架的一部分？假如是框架的一部分，那么是用经验事实来说明和证实这个框架，还是批判地检验其正确性？在时间上如何定向？某种自然认识方式的支持者是想恢复在他们看来业已失去的美好时代，还是想构造一个新的总体系，抑或是自认为在为一个本质上开放的未来作出贡献？

我们这里所区分的自然认识方式并非一成不变。事实上，可
22 能有一些情况会促使它们发生转变。我们将会表明，解决本书核心问题的关键恰恰在于这些转变。这些转变既可以是某种既定模式内部有限程度的扩充，也可以是革命性的转变——在17世纪的欧洲数次发生的正是这些转变。

这段历史的主角们从未使用过"自然认识方式"这一概念，也

从未自称"科学家"。用来指自然研究各个分支的"科学"一词直到19世纪才出现。历史上曾经出现过多种术语,对此并不总能作出清晰的区分。我们最好是不依赖于过去的语词使用来选择概念,只不过需要对它们作足够精确的描述——倘若用语模糊不清(这类主题总有这种可能),就得不出任何结论。因此,我们把亚历山大的自然认识方式称为"抽象的-数学的"(abstract mathematical)自然认识,或者干脆简称"亚历山大"(Alexandria)。而把雅典的自然认识方式称为"自然哲学"(natural philosophy),如果想强调与亚历山大的对比,则干脆简称"雅典"(Athen)。

那么是否可以断言,"雅典"和"亚历山大"是两种不同的自然认识方式呢? 我们方才列举的各种对比表明,这的确是事实:抽象的数学方法在许多方面都不同于自然哲学的方法。这些区别非常基本,两者之间几乎无法进行对话。这部分是因为它们的诞生地在地理上相距遥远。但必定还有别的原因。事实上,正如亚历山大人的著作所显示的,他们一定知道一些自然哲学的或雅典的观点。托勒密有时甚至会用它们来填补数学论证中的空白。不过,他偶尔重新使用自然哲学的说法纯粹是权宜之计——在他看来,仅仅是"臆测"[①]的自然哲学根本无法与绝对确定的数学推导相提并论。

尽管如此,在内容层面仍然可以看到许多本可以利用、但却没有利用(这是很典型的)的结合点。例如,协和音程理论难道不

[①] Section I:1 in the *Almagest* (G. J. Toomer, *Ptolemy's Almagest* (London: Duckworth, 1984), p. 36).

是很容易与斯多亚派关于声音在空气波中传播的思想联系在一起吗?但这并没有发生。这既与两种自然认识方式之间的根本区别有关,也与传统的稳定性有关。至少在"旧"世界,守旧是常态,创新是例外。这对于像希腊的自然认识方式那样在思想上自我封闭的整体来说尤其如此。我们将会看到,"雅典"和"亚历山大"各自得到扩充,甚至发生了革命性的转变,到了 17 世纪中叶,这两种迥异的自然认识方式在历史上第一次发生了富有成效的互动——顺便说一句,荷兰人惠更斯对此功不可没。

在发展出这两种自然认识方式的希腊世界,并不存在富有成效的互动。不过它们不可避免会发生某种重叠。一个例子是,人们普遍相信或默认地球静止于宇宙的中心,并认为这完全是不证自明的。在整个古希腊,只有阿里斯塔克对这个问题的看法明显不同。据我们所知,他并未像 18 个世纪以后的哥白尼那样,把自己的思想发展成一种成熟的数学行星理论。难怪其同时代人会认为他在这方面是在胡思乱想。我们对地球的旋转有丝毫感觉吗?我们难道不是分明看到太阳从东方升起,在西方落下?自巴门尼德以来,知识精英们已经知道地球是球形,但是把每日绕轴自转甚至是绕太阳的周年运转归于我们的地球,就走得太远了。它没有任何经验事实作基础,整个观念都违背了健全人的常识。托勒密很清楚,假设地球绕轴自转和绕太阳运转可以使他的数学模型在许多方面得到简化,但他知道这样做十分不利。至少在这个问题上,托勒密等亚历山大数理天文学家与亚里士多德等雅典自然哲学家的意见是一致的。关于地球在宇宙中的位置,亚里士多德的论述最为详细。但在亚里士多德那里,地球静止于宇宙的中心绝非单纯的事实。它不仅是这样,而且不可能是别的样子。

亚里士多德对宇宙的安排再次清楚地表明了雅典自然认识方式的特征。通过把变化理解为从潜在存在到现实存在的过渡,亚里士多德解决了巴门尼德的问题。于是,变化是对一个目标的趋近,该目标作为本质特征内在于变化者之中。变化以四种形式发生:生灭(由橡子长出橡树)、质的变化(秋天橡树叶由绿变黄)、量的变化(秋天叶子的数目减少)和位置变化(秋天叶子落下)。因此,位置变化或所谓的运动也涉及目标的实现。但一个运动物体试图实现的内在目标是什么呢?这取决于它由哪种元素所构成。假如主要由重元素土或较重的元素水构成,则该物体将沿直线朝宇宙中心运动。假如主要由轻元素气或更轻的元素火构成,则该物体将沿直线远离宇宙中心。最后,假如由非物质的"以太"所构成,则它将沿着圆形轨道绕宇宙中心运动。倘若这种自然秩序完全实现,所有目标均已达到,则围绕着宇宙中心将会形成一个土球,包围土球的是一个水的球壳,然后依次是一个气的球壳和一个火的球壳。由以太构成的天体永远沿着圆形轨道围绕这一整体旋转。读者朋友们,你在这里看到了什么?中间的地球?包围地球的海洋?包围地球和海洋的大气?每天围绕它们旋转的太阳、月亮、行星和恒星?这便是我们的世界,亚里士多德能够根据其自然哲学的第一原则将它推导出来。

不过,这里用推导来解释的世界是一个"雅典的"世界,而不是一个"亚历山大的"世界。关于地球静止在宇宙的中心,大家没有什么分歧,但除此之外就没有一致的意见了。亚里士多德用语词大致解释了宇宙的结构,他认为所有天体都沿着简单的圆形轨

道围绕地球运转。托勒密则用一个由许多圆组合而成的数学模型
描述了极为复杂的行星轨道，除此之外他并没有发表什么看法。
目标不同，结果也有所不同。将"雅典"和"亚历山大"这两种视
角结合起来的需要几乎还不存在。如前所述，托勒密最多有时会
用一些可能对他有用的自然哲学来增加其"抽象的－数学的"推
导的实在性内容。

我们可能会以为，方才所讲的这个托勒密是欧几里得、阿基米
德、阿里斯塔克和阿波罗尼奥斯等其他亚历山大伟人的同时代人。
其实不是。他并非生活在公元前希腊思想的鼎盛时代，而是生活
在公元 2 世纪。他是一个孤独的创造者，在他那个时代，希腊自然
思想早已开始衰落。我们现在就来谈谈这一衰落。

衰落：固定的模式

首先是一些基本事实。在公元前 150 年左右，整个自然哲学
和数学自然认识中的开创性工作几乎已经过去。其他文化领域还
很繁荣，或者即将繁荣，此时距离古代世界的终结还很遥远。因此，
我们所谈的并不是一种普遍衰落，只不过希腊自然认识的黄金时
代于公元前 2 世纪突然结束了。这个黄金时代是此前至少两个半
世纪的创造性时期（即从前苏格拉底思想的序幕到柏拉图和亚里
士多德创建最初的学派）的顶峰。由此（从大约公元前 350 年起）
爆发的创造力取得了诸多重要成就，这是我们将要看到的数个自
然认识的黄金时代中的第一个。

如何理解这里所说的"黄金时代"？我们把它定义为伟大的创

造性天才层出不穷的一个时期。就希腊人而言，我们有（按字母顺序排列）阿波罗尼奥斯（研究圆锥曲线）、阿基米德、阿里斯塔克、克吕西波（提出了斯多亚派的普纽玛）、伊壁鸠鲁（原子论学派的创始人）、欧几里得、希帕克斯（数学行星理论的先驱）和皮浪。他们绝非唯一，而只是其中最著名和最具原创性的。在他们周围还有一些水平稍逊的人，其数目远多于在黄金时代之前研究自然的思想家的数目（每一代 6 个）。但随着希帕克斯于公元前 150 年左右去世，便不再有创造力的爆发了。希帕克斯是最后一位伟人，在其下一代至多还能找到几个二流的继承者在就老师的学说争论不休。但即使是在进行枯燥的重复或者并非研究自然的环境，有时也会出现一位思想巨人，他以前辈们几百年前停止的地方为起点继续走下去。托勒密的思想正是这种后燃效应（afterburn effect）的最好例子，在"亚历山大"和"雅典"领域还出现了一些这样的人，直到公元 5 世纪。这种后燃效应的偶然出现并不必然违背黄金时代之后是一次急剧衰落的规律性。相反，这恰恰是"旧世界"中自然认识兴衰模式的特征：首先是序幕，然后是繁荣，到一个黄金时代达到顶峰，最后是急剧衰落，这并不排除有时会有个别人作出一些重要的成就。历史永远不会完全重复，但我们在伊斯兰文明、中世纪的欧洲以及文艺复兴时期的欧洲那里都看到了本质上相同的模式。

那么，为什么会有这种衰落？它是如何引起的？许多历史学家都为这个问题绞尽脑汁，但这个问题其实是问错了。回答是："我们还能期待什么？"我们已经回到了"旧"世界，距离今天的科学及其在现代社会的支柱非常遥远。在我们这个时代，科学的连续性得益于两个非常稳定的因素。现代科学研究由一种内在的动力所驱动，使我们的知识边界能够不断拓展下去。这种知识的许多要素都能通过与技术的持续互动而使我们变得更加繁荣富足，并且在许多方面改善我们的生活质量（这是造成本书开头所列举的"新""旧"世界之间差异的主要原因）。而在"旧"世界，现代科学事业的这两大支柱的萌芽从未在任何时间和地点出现过，内在的连续性并不存在。本书反倒需要说明，如何才可能出现一种自然认识方式，它不会注定在未来数百年甚至更短的时间内再次衰落。这是希腊世界所有自然研究的情况——恰恰是没有出现衰落才亟待解释。有意义的问题至多是：为何衰落恰恰开始于公元前2世纪中叶，它是如何出现的？创造力之流是完全枯竭了，还是在寻找新的河床？

　　第一个问题很难给出确定回答。毕竟，我们发现，后来在其他文明中导致衰落的两个因素，即大规模的毁灭性入侵和宗教冲突在古希腊并没有发挥作用。正如我们将会看到的，在拥有神圣经典的社会，自然研究有许多理由可以批判。在充斥着神灵的古代世界，虽然自然哲学有时会遭到嘲笑，但在基督教出现之前，人们几乎不会认为其中有什么亵渎的地方。至少"雅典的"自然哲学家不会因此而突然失去工作机会。除了自然知识，哲学家还能提供生活智慧并就政治问题给出建议，在这些方面受教育的需求是从来都有的。当时自然哲学的衰落可能更多是出于内容方面的原因。怀疑论学派使之到达了某种尽头。通过（怀疑论者所主张的）那个无可避免的结论，即应当悬搁一切判断，整个希腊思想历险仿佛已经结束了。但即使是那些不赞同怀疑论者的看法而支持雅典自然认识方式的人，也很难想象如何才能继续发展到高水平，因为合用的第一原则的储备似乎已经用尽。

关于"雅典"就说这么多。"亚历山大"的情况则有所不同。直到 17 世纪，数学自然认识的兴衰成败都取决于是否能够得到君主的支持。有些统治者喜欢把数学家留在宫廷中，给他们一定的酬劳。但这种意愿有时会发生变化。如果一位慷慨的统治者故去，则可能意味着他的宫廷数学家从此一蹶不振，亚历山大的情况可能就是如此。亚历山大自然认识的黄金时代始于国王托勒密一世。他决心把新亚历山大城建成亚历山大大帝所征服和开拓的那部分世界的文化中心，希望由此可以使埃及人服从希腊人的统治。托勒密一世建造了藏有世界各地大量手稿的著名的亚历山大图书馆，还建造了缪斯宫（Museum）。他吸引了许多文化领域的人才，否则（至少就数学而言）他们绝不能施展才华。我们不知道他和他的继任者为数学的自然认识花费这么多金钱和精力有多少价值，但考虑专业的占星学建议显然提高了新王朝的声誉。我们也不知道是托勒密的哪一位继任者开始不再支持数学的自然认识了。我们只能假设这发生在公元前 150 年左右，并且猜测又过了 3 个世纪，在罗马统治之下，数学在埃及重新获得了短暂的重视——否则天文学家托勒密如何可能用多才多艺的数学研究来维持生计呢？

由于缺乏事实证据，这一切还只能是猜测。至于第二个问题，即这种衰落到底是如何出现的，则有更多的线索可循。当自然认识还在努力进行，但几乎没有什么原创性的工作时，接下来还会产生什么呢？

这里，"文化保存"是决定性的。首先是严格意义上的"文化保存"。我们要记得，从材料上讲，古代文本保存在容易受损的纸草上，而且只能手抄。无数手稿已经在古代亡佚，大多数时候我们只能见到古代著作的少数残篇。流传下来的东西得益于文本的抄写、编订和传播——初看起来，这些活动似乎微不足道，但事实上，其重要性怎么说都不为过。在内容方面也可以为文化保存出一份力，而且有时会富有一定的创造性。在自然哲学中，令人振奋的新真理之间原本富有成果的竞争，退化成了对某一学派固有看法的无休止反刍和一套套的陈腐说辞。不仅如此，已知的思想还被重新整理，并且为了教学的目的而被简化。在努力调和的过程中，四个学派的学说被混合起来。此时最多会有一些深思熟虑的变种被设计出来，比如普罗提诺对柏拉图学说的进一步精神化，或者普罗克洛斯以柏拉图的精神来反思欧几里得几何学的基础。此外，还出现了针对各个雅典学派学说所写的解释性的、有时甚至是批判性的评注。

所有这一切都无法阻止"自然哲学"在整个哲学中的比重持续下降。斯多亚派的自然哲学几乎完全亡佚（我们只能根据其早期的残篇费力地重建），与此同时，斯多亚派仍然积极从事着政治学和伦理学。一种换岗出现了。"自然"在学说中比例最高的那些学派，如亚里士多德派和原子论者越来越退居幕后。在罗马共
30　和国晚期和罗马帝国早期，斯多亚派占统治地位，而在罗马帝国晚期，普罗提诺的新柏拉图主义占统治地位。早期的基督教教父将他们的一些基本思想重新拾起，试图用学术来装点基督教的福音。

然而，不仅有重复、概括、解释、评注、混合和改变，而且还有翻译。随着罗马帝国逐渐分裂为西罗马帝国（罗马）和东罗马帝

国（君士坦丁堡），我们可以区分出两次翻译浪潮。一次是从希腊文翻译成拉丁文，它始于公元前 1 世纪，持续到公元 6 世纪。由此产生了一种彻底的重新编排和简化，它与其说是直译，不如说是拉丁文的意译。另一次从 4 世纪到 6 世纪，被从君士坦丁堡驱逐到波斯的基督徒把希腊文译成了叙利亚文、波斯文或者这两种语言。由此产生了一些准确得多的翻译，它们仍然保留着雅典或亚历山大文本原初的"认识结构"。我们将会看到，这两次翻译浪潮在古代文明灭亡之后将会成为一个发展的起点，其顶峰是伊斯兰文明中自然认识的黄金时代。

到目前为止，我们已经考察了希腊的自然认识、它的特征以及所取得的成就。但本书最终是要讨论现代科学的产生，希腊往往被视为它的直接前身。至少就现代科学最终的确植根于希腊而非中国的自然认识而言，这样说是正确的。现在的问题是：为什么会这样？因此，我们需要研究中国人是如何从思想上努力把握自然现象的，并把它与两种希腊的方法相比较。

道 与 综 合

希腊与中国自然认识的大致分期如下。两者都有一个"序幕"，后来的许多重要议题此时都已经模糊地呈现出来。对希腊人而言，是指前苏格拉底时代，大约从公元前 585 年至公元前 400 年。在古代中国，对自然现象的思考繁荣于战国时代，即从公元前 480 年至公元前 221 年秦始皇统一中国。

接下来，无论是希腊还是中国，都有各种各样的主题被筛选和系统化。

对希腊而言,这表现为四个哲学学派在雅典建立起来,它们都可以追溯到某种前苏格拉底思想。在亚历山大及周边地区又独立发展出了一种特殊的数学方法,它源于前苏格拉底的数学证明观念。这一繁荣时期造就了一个从事深入的创造性自然研究的黄金时代,它大约持续了一个半世纪,于公元2世纪中叶结束。这种衰落发生得剧烈且突然。在古代文明灭亡以前,知识的保存与传播一直是主要活动。

对中国而言,当一个新的王朝(汉朝)统治时,少数幸存下来的主导观念被综合在一起。这种综合反映了那个时期的知识分子达成的一种共识。尽管经历了诸多变化与发展,但直到中华帝国在20世纪初宣告结束,这种共识可以说一直保持着。

中国的思想从一开始就有一个核心问题,即如何才能建立一种稳定的社会秩序。这种社会秩序只有与人性相一致才能稳定,而它反过来又反映了宇宙的和谐秩序。如果千变万化的现象背后存在着某种联系,那便是它们的相互依赖性。关于这种联系的中国思想被称为"关联"思维:

     在中国人看来,事物之间是互相联系的,而不是由因果引起的[……]宇宙是一个巨大的有机体,有时这个组分占主导,有时那个组分占主导,各个部分都彼此服务[……]在这样一个系统中,因果性并不表现为一个事件链[……]显然,这样一种因果观念主导了中国思想,在这种观念中,先后次序的观念隶属于互相依赖性的思想。[①]

世界是一个无限精细的织体，每一根纹路都与其他纹路交织在一起。要想理解这种多重性，就必定需要一种关联的、相互联系的思想。道、气、五行、阴阳这四种基本概念反映了这种思维方式，它们最终发展成为中国的世界图景。

这里的"道"并不特指道教。其特定含义是在数百年间发展出来的，它源自中国的世界图景所由以形成的诸多传统之一，这些传统都依循着值得尊重的古代文本。而所有这些传统都把广义的道当作精神追求的主要目标。在孔子（公元前551年—公元前479年）时代，用来表示"道路"的"道"字第一次获得了对于人类和社会来说是正确的道路的含义，这里的"正确"指的是与自然织体相一致。古代圣贤自然会去遵循这种道，后人则需要重新发现它。孔子对道的追求特别表现在合于礼。他对自然秩序本身并不感兴趣，其支持者和继承者对自然研究的贡献一直非常有限。老子和庄子的文本后来成为道教的基础，他们区分了可以言说的道（自然过程的不断变化的道）和无法言说的不变的道（就像任何一种神秘主义形式一样，这里必须禁言）。还有更多的道得到宣扬，尽管大家都认为只能有一种是正确的。在战国时期，为地方统治者出谋划策的每一位中国思想家，都必定能够提出自己的世界图景，以似乎合理的方式指向那种唯一正确的道。帝国统一之后，到了公

---

①　Joseph Needham and Colin Alistair Ronan: *The Shorter Science and Civilisation in China*, vol. I (Cambridge University Press, 1978), pp. 165, 167—168.

元 1 世纪的汉代，所有不同的道最终被协调起来。从这时起，新的中央集权帝国所基于的道便与宇宙秩序相符合。

33   这种宇宙秩序如何才能被认识呢？不能仅靠理智，还需要直觉、沉思与想象的能力：

> 学只是自我教化的几种形式之一。它提供了对世界的理解和关于世界的有用知识（这是道的一个方面）。实在的更深的方面（无名的道）是如此微妙，只有通过非认知的方式才能洞悉。
>
> 《淮南子》说得很明确："足以碾者浅矣，然待所不碾而后行。智所知者褊矣，然待所不知而后明。"[①]

其他关键概念也都经历了各自的发展，在汉代的综合中变成了理解世界织体所必需的工具。

如果用一个现代词汇来翻译"气"，那么最好用"物质－能量"这个人为的复合概念来理解它的含义。气本来是指空气、呼吸、蒸汽、雾、云等一系列现象。其共通之处在于，它们虽然可以知觉到，但却没有形状。由此，气的含义发生了拓展，它也可以指能够影响健康的身体活力以及气候和宇宙的力量。

阴阳的特点是：它们是对立的两极，彼此互为补充和条件，一方永远不能没有另一方。这种相关性仿佛已经内在于其中。从原

[①]   Geoffrey E. R. Lloyd and Nathan Sivin, *The Way and the Word. Science and Medicine in Early China and Greece.* (New Haven：Yale University Press，2002)，p. 192.

则上讲，任何对立、空间关系和时间过程都可以用阴阳模式来解释，无论涉及的是雄还是雌，是作用还是反作用，是膨胀还是收缩。

只要涉及二分，阴阳就提供了解释模式。凡是需要进一步分成更多个单元，很快就会求助于五行（五种变化阶段）。它们用水、火、木、金、土这五种物质概念来表示。这些概念既有具体的意义，也有更抽象的意义，也就是说，它们既表示物质本身，也表示事物生灭变化的过程。比如土表示植物生长的过程，金表示固态通过熔化或蒸发而变成另一种状态。五行的解释力主要归功于某些循环的区分，特别是"相生循环"和"相克循环"。相生循环"木－火－土－金－水"描述的是元素如何彼此相生，或者一个变化过程如何由另一个变化过程所产生。而相克循环"木－金－火－水－土"则描述了元素如何彼此相克，或者一个过程如何控制另一个过程。无论对这些过程的思考是具体的还是抽象的，它们都不是直线的，而是循环的：木铲克服土，金属的斧子劈开木头，火熔化金属，水熄灭火，水又被土拦蓄和疏导。

以上我们分别考察了中国思想的关键概念。到了公元前 1 世纪，它们被综合在一起。接下来，我们将考察使这种综合得以可能发生的政治发展因素。然后我们要问，这种综合究竟是什么样子？最后，我们会简要讨论一种同样起源于战国时期的道，它似乎很有前途，但最终并没有在帝国的综合中占据一席之地。

在创造性的思想初兴之时，希腊由一些单个的小城邦所组成，而中国则是由中等规模的国家组成的，这些国家为了称霸而陷入无休无止的战争。这一时期后来被称为"战国时代"。这是一个极具创造性的时代，在此期间，前面提到的那些关键概念均在一系列文本传统中逐渐形成。这些文本传统的先驱者和追随者竞相把自己的道示人,也就是说,极力劝说某位君主把这种特殊的道当作其政治行动的指导方针。

秦始皇统一中国对中国世界图景的形成产生了决定性的影响。这位自称"始皇帝"的新君主颁布了强制性的措施,要求整个帝国都要严格遵守,因为他在百年来的战争中取得了胜利。因此,他所挑选的谋士唯一通晓的就是赤裸裸的暴力和权术。不够粗糙的思想不合他的口味,出自战国时代的各种文本传统,只剩下那些逃脱了焚书噩运的。焚书对于和平主义者墨子(稍后还会讨论)的传统文本尤其产生了致命的后果。

任何帝国都不能只靠暴力和威吓来维持。最清楚这一点的是起义者,他们揭竿而起推翻了秦始皇的继承人,并于公元前206年建立起了一个新的朝代——汉朝。混乱的秦朝仅仅维持了14年。要想比它持续更长时间,就必须引入一种类似核心思想那样的东西,能够说服臣民们承认其统治者的权力是合法的,并且自愿地服从它,而不是出于胁迫。这时,从旧文本传统中存留下来的东西正可派上用场。汉朝时期达成了一种共识,它大体上一直代表着中国对世界的典型看法,其核心思想是和谐。存在着一种天的和谐,它可以在帝国的和谐运作中反映出来。而帝国的运作是否和谐则取决于皇帝,其最重要的任务就是巩固和保持和谐。皇帝"奉天承运"。如果失去这种授权,王朝便会开始更替。地震、洪水等各种自然现象可能预示着授权将会失去。

然而,自然现象并不只是单纯的征兆,也可以将其关联起来进行研究。这种关联以和谐为特征。通过与前面提到的那些概念结合起来，便可获得用来发现事物关联的基本工具。

汉代的综合被称为一种"有机唯物论"哲学。在这种世界图 36 景中，物质过程既是一个有机织体的一部分，同时也具有一种精神组分。以下引文对此作了简要概括：

> 中国的宇宙是一种恒常的变化之流。随着其组成部分自发地变化，它总是不断地再生。气是物质，是不断变化形态的物质，它永远是一种特殊种类的物质，是包含活力的物质。
>
> 到了公元前 1 世纪末，阴阳五行把一种始终如一的动态性作为气的一部分。任何由气所构成或被气赋予能量的东西都是阴或阳，这种阴或阳不是绝对的，而是就其所属的一个对子的某个方面且相对于另一个成员来说的。[……]阴阳提供了一种灵活的语言，很适合讨论对立面的平衡。这不是一种量上的平衡，而是相互影响的领域中每一个成员的动态特性的平衡。例如，有些东西可能在主动性上是阳，在接受性上是阴。然而，如果关注的不是二元对立，而是更大过程中更加复杂的生灭或相生相克序列，则各种五行序列很容易发挥作用。①

如何在一个具体情形中看到这一切？研究者如何实际处理相互关联的自然现象？我们很少或从未在一种特殊情形中发现所有

---

① Geoffrey E. R. Lloyd and Nathan Sivin, *The Way and the Word. Science and Medicine in Early China and Greece.* (New Haven: Yale University Press, 2002), pp. 198—199.

这些概念。不过所有这些方法都有三种共同的主要特征:(1)明显与实际有关;(2)倾向于按照预先确定的框架进行分类;(3)经验知识与占统治地位的世界图景发生相互作用,这种世界图景是在数个世纪以前形成的,业已成为普遍共识。

一个例子是潮汐与月相之间关系的发现(公元1世纪)。长江口壮观的潮涨潮落提供了经验材料。在思想史上,观察者如何能够这么早就把它们与月亮的盈亏这种初看起来与之毫不相干的现象联系起来呢?万事万物构成了一个有机织体和循环过程,这种世界图景使中国的自然研究者很容易接受任何能够表明这种关联的东西。

另一个例子是罗盘的发明。发明者是11世纪的沈括,它与风水学说(最近在西方世界很时尚)密切相关。这项发明得益于磁偏角(磁北线与真北线之间的夹角)的发现,而磁偏角乃是基于精确的观察。

沈括还知道一口泉,将水蒸发后可以得到胆矾,继续加热则可以得到铜。如果把胆矾在铁锅中长时间加热,则铁锅会变成铜。用现代化学术语来说,这是一种置换反应。在沈括看来,这种现象完全可以纳入五行的相克循环——金克水——当中。这里,概念框架同样使研究者容易作出这种微妙的观察。

还有共鸣现象:如果拨动琴弦或者吹奏笛子,则一段距离以外的另一根琴弦或笛子可能也会自动鸣响。人们利用这一现象来给编钟调音。但它并未停留在实际应用上,而是借助于气得到了解释:气作为一种宇宙的风,可以帮助吹奏笛子或传播琴弦的声音。自然织体中万物和谐的观念总是有利于发现符合这种观念的现象。

总之，中国的世界图景促进了一种非常注重精确观测的自然研究。总是提及"万象"并非偶然。但如何避免被万象淹没呢？解决办法在于分门别类进行组织。阴阳模式适用于成对的现象，五行则适用于五个一组的现象。还有其他一些可能性。不同乐器之间有微妙的音色差异（音色就是在音高和音量相同的情况下，我们所知觉到的乐音差异）；我们可以按照制作材料对乐器进行分类，还可以按照八种风向（北、东北等等）进行分类。音色背后的关联再次通过气来思考。

在前现代中国的整个历史中，无数自然现象都是以这种方式处理的。实际上，这种规则只有一个例外，那就是出自墨子传统的文本残篇。它们以《墨经》及其注解而为人所知。其方法较少带有把宇宙当成一个有机织体的关联思维印记。其结构更富有逻辑性，思维风格更加严格，更多地集中于"如果－那么"关系，而不是描述整体相互依赖性的"和－和"关系。《墨经》强调了中国传统一般不大关注的主题：运动和力，光与影。例如，它区分了两种凹镜，一种成缩小的正像，另一种则成放大的反像。汉代的综合确立之后，这些问题就不再有人研究了，墨家的文本传统再也没有焕发生机。

希腊与中国的自然认识之比较

17 世纪初的科学哲学家和科学社会学家弗朗西斯·培根曾用过一个美妙的比喻来表示自然认识的不同途径。他区分了三种方法，即蚂蚁、蜘蛛和蜜蜂的方法。我们不能像蚂蚁那样只是耐心地收集材料——这是经验主义的做法，它不能使我们走远；也不应像蜘蛛那样只顾自己吐丝织网——这是理智主义的做法，也不会达到目标；而须像蜜蜂那样从花中吮吸花蜜，并且在蜂巢中加工成蜂蜜。单纯收集事实，或者仅有概念框架，都还不是真正的科学。只有使两者形成富有成效的相互关系，才能产生真正的科学。

培根特别用蜘蛛的比喻来嘲讽了希腊的自然认识。他希望自己的同时代人不要竭力仿效希腊人，因为在用哲学的思想框架或数学构造着手解决之前，希腊人很少认为现象不言自明。蚂蚁的比喻则是针对他的一些同时代人，我们以后还会讨论这些人。不过，与培根不同，我们这里用这种比喻是为了形象地说明希腊与中国的自然认识方式之间的差异。

这种差异并不是绝对的。当然，培根对希腊方法的刻画很有洞察力。巴门尼德和柏拉图等哲学家以及一些亚历山大人，都习惯于粗率地对待观察到的现象。但在某些情况下，特别是亚里士多德的动物学观察，他们还是有可能对自然现象做更为细致的研究的。另一方面，正如我们所看到的，中国的自然研究绝不仅仅是盲目地收集事实和细节。在认为整个宇宙是一个精致的有机织体的世界图景下，通过观察而得出不乏实用的非常大胆的结论也是有可能的。但总体而言，称希腊的自然认识主要是理智主义的，中国的自然认识主要是经验主义的，还是完全站得住脚的，而且很有助益。

事实上，它至少能够表明，这两种情况都与现代科学所接近的那种自然认识方式无涉。无论是被比作蜘蛛的希腊人，还是被比作蚂蚁的中国人，都不能说已经走上了现代科学的那种特殊的产蜜道路。我指的是构造并持续改造关于经验实在的量化模型，尤其是实验有可能为这些模型提供系统反馈。（这里的定义只是暂时的，我还会多次回到这个关键点。）

　　因此，在评价现代以前的自然认识方式时，我们应当首先根据它们各自的功绩，而不是根据它们是否更接近于现代科学（现代科学最终只产生于其中一种自然认识）。如果把关于后续发展的知识隐去，那么我们就必须说，无论在古希腊还是在古代中国，富有创造性的思想家都在大胆尝试理解那个展现在他们面前的有待探索的世界。他们都以自己的方式把这个世界分解成了大小分明的组成部分，并且认识到了它们之间隐秘的联系。在知识的构造上，自然认识方式也有所不同：一种是严格的思辨性的体系构造和数学推导，另一种则是在被普遍认可的世界图景之下专注于现象。然而从根本上讲，它们具有完全同等的价值。虽然现代科学最终基于希腊而非中国的版本，但这丝毫不影响它们自身的价值。

　　为什么会这样？这个问题当然并非不重要。中国没有出现伽利略或牛顿，这只是纯粹的巧合吗？这个问题经常会被提出来，回答也可谓多矣。关于这个问题的讨论往往会蜕变成一种集体参与的娱乐游戏，每一位参与者都会给出他最喜欢的解释，比如所谓中国人缺乏逻辑思维能力，或者据说是因为有一种强大的官僚体制窒息了各种求知欲。出于对这些往往缺乏根据的轻率臆测的不满，一些研究中国的专家认为这个问题是无解的，甚至称问题本身就毫无意义。但这就走得太过了。诚然，从一种复杂的文明中挑41选出个别要素，然后由另一种文明中缺少这些要素而推论出那里不可能产生现代科学，这是毫无意义的。但就某些基本条件对文明进行考察和比较还是完全有意义的。对我们来说特别涉及这样一个问题，即根本的革新在总体上、特别是在自然认识上是如何实现的。

文明可以相互碰撞，也可以相互孕育。例如，希腊自然认识的两大创新浪潮便显示了这一点，即前苏格拉底的序幕以及几个世纪以后数学自然研究方面创造力的爆发，这成为黄金时代的一个高峰。最早的前苏格拉底哲学家生活在当时希腊的东海岸，那里曾与更东边的居民有着大规模的贸易往来。（我们曾经提到，希腊人通过证明的观念把巴比伦人直观实用的几何学提升到了更高的抽象水平。）几个世纪以后，亚历山大大帝的远征一举摧毁了整个地中海东部的旧秩序。这带来了出人预料的新接触与新交流。（比如，来自塞浦路斯岛的移民基提翁的芝诺在雅典建立了斯多亚派。）此外，亚历山大也成为了一个新的文化中心（想想欧几里得和所有其他伟大的数学家）。

异乡人的涌入以及对不同类型观念和传统的了解，使得旧有的思维方式和习惯更有可能得到更新。在历史上，这种交流是新思想最重要的来源之一。通过交流而实现创新绝不是自动进行的。大量事例表明，文明仅仅发生冲突，或者巨大的分歧使交流无果而终。但事实上，在前现代自然认识的历史中，通过文明交流而实现创新成为了常态。更确切地讲，当交流以某种形式进行时，就特别容易带来创新，我们在本书中称这种形式为"文化移植"（cultural transplantation)。所谓"文化移植"，我指的是某种特定的事件，它们促进了文化的革新甚至是转变：在一种文化中发展起来的一整套相互联系的看法、概念和做法被移植到另一种文化中，事实证明，它在后者的土壤中能够结出硕果。在历史上，希腊的自然认识曾经发生过多次移植，而中国则没有发生过一次。

这一点绝非偶然。每当出现这种自然认识的移植时，总会有军事事件产生了意想不到的推动作用。第一次文化移植把希腊的自然研究带到了巴格达，它是早期哈里发的征服运动和第一次伊斯兰内战（公元 760 年左右）的结果；第二次文化移植发生在 12 世纪的托莱多，它源于西班牙的收复失地运动；第三次文化移植发生在意大利，源于土耳其人攻占君士坦丁堡（1453 年）。而中国本土的自然认识思想却从未与完全不同的文明有过富有成果的对抗。这是因为中华帝国始终是一个独立的统一体。中国的自然认识从未像希腊那样失去家园，必须在其他地方找到栖身之所。"蛮夷"通常会被长城挡在外面。倘若进入了中国腹地，特别是蒙古人建立元朝，以及后来满族人建立清朝，则在很短时间内，征服者就会采纳和吸收其新臣民的文明了。简言之，中国自然认识的历史有其不间断的连续性，同样令人惊叹的是它长期不结果实。这种思想一直在原地打转，并且困在这个圈子里面，可能这个圈子太大了。

对于有机唯物论的世界图景来说尤其如此。在汉代，这种世界图景作为战国时期思想传统的大综合而被确立。此后，这种世界图景虽然得到了拓展和细化，但从未受到过根本质疑，其基础也没有再被重新考察。它连同表达了有机唯物论的"关联"思维方式，对自然现象提出了丰富的、在某种程度上甚至非常合理的解释。你越是习惯于这种思维方式，它就越显得有吸引力，直到有一天，你可能会开始惊叹，自然竟然真的像有道之人所设想的那样。你甚至会声称，如果条件更加适宜，中国的自然认识本可以发展成现代科学的一个（更具"有机性"的）变种。比这种含混的思辨更有意义的是注意到这种有机唯物论永远在自我封闭，它从未有机会在一个文化移植过程中展示自己的价值。

在没有文化移植的情况下，隐藏的发展潜力一直未能得到利用的最好例子是墨家的文本传统。从今天的眼光来看，这其中包含的研究和学说最接近于现代意义上的科学，或者说已经接近于发展出这种科学的先决条件。在这方面，它可以与亚历山大的数学自然研究作一比较。两者都拥有一种发展潜力，这种潜力同时代人看不到，只有在回顾时才能认识到。另一个共同点是它们都处于整个文化的边缘。亚历山大的自然研究是一种高度专业化的宫廷产物，在别处几乎不可能为人知晓；到了汉代中期（公元1世纪），整个墨家的文本传统几乎已经荡然无存。但有一个重大差别。汉代以后，墨家传统最终消亡，由皇帝批准的道的综合把它彻底赶出了历史舞台，它没有也不可能在世界的另一个地方复兴。而亚历山大传统虽然一直是一种边缘现象，并且最终随着古代文明而消亡，但它获得了两次复兴的机会，先是在巴格达，后来是在意大利。我们很快就会看到利用这些机会可以得到多么丰硕的成果。

发展潜力作为解释关键

"文化移植"、"转变"和"隐藏的发展潜力"，我们使用这些概念是为了解释为什么在类似的条件下，一种思想和做法的复合体最终能够发展成为某种（或多或少）全新的东西，而另一种却没有。

"隐藏的发展潜力"这一观念可以追溯到亚里士多德。他认为由此可以解决巴门尼德的悖论：变化是内在于变化者之中的可能性的实现。他还尝试由此来解释自然世界（这种努力起初似乎很成功，但最终被证明是徒劳的）。我们现在再次用它来解释自然认识的历史。不过，与亚里士多德看法的一个重要区别在于，亚里士多德的看法涉及一个目标的实现：橡子所要长成的橡树在某种意义上已经作为目标包含在橡子之中了。而在历史中则完全不是这样。目标是由人设定的，无论是否去实现；但历史进程却不会朝着某人或某物所预先设定的目标前进，其结果永远是开放的。历史进程的结果（包括现代科学的产生）总是产生于偶然运气和事件链条变化无常的组合，其中带有某种逻辑性，可以研究其因果关系。

现在，我想用一个具体例子来说明我所说的"隐藏的发展潜力"概念是什么意思以及想用它来澄清什么。这就是"旧"世界中的时间测量技术。有一种实用的时间测量方法是让水从一个容器中均匀地流出。然而，由于容器上部的水压略高于底部出口，因而所要求的均匀性无法得到完全满足。11世纪末的苏颂建造了一台复杂的水钟,在一定程度上解决了这个问题。36 个水斗固定在一个巨轮上,被均匀喷出的水流相继注满。当一个被注水的水斗达到一定重量后,制动将被解除,轮子继续转动,直到下一个空水斗转到水流之下,然后轮子再次被制动,到达底部之后,水斗被排空。通过这一调节机制,发明者最大程度地平衡了出水的不规则性。

45

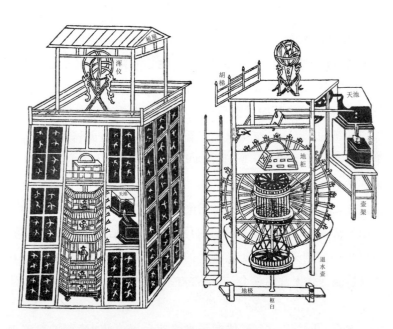

图 1.1　苏颂的水钟(水运仪象台)

仪器总高约十米。右边的剖视图大体显示了其机制。左图显示了它的目的:驱动上方的浑仪(其中的环代表子午线、黄道和天赤道)和下方的浑象(一半没入了木柜之中)。五层楼中的每一层都立着一个报时的小人。

现代的复原工作表明，苏颂的水钟对时间的测量要比大约200年后即13世纪末欧洲出现的机械钟精确得多。后者基于非常不同的原理：不是水的流入流出，而是物体的往复运动。

苏颂水钟的优势毋庸置疑。机械钟必须借助日晷来控制，走时误差可能会达到每天一刻钟，而苏颂水钟的最大误差仅为每天一分钟。但这种优势比较特殊。长此以往，这种天才的水钟迟早会失灵。由于温度变化、锈蚀和污染等因素的影响，其均匀性也会逐渐丧失。尤其是，其设计不能变化，巨大的体量也无法实质性地减小。因此，钟表一直是一段插曲：在中国文明的整个演进过程中所制造出来的这种水钟总共不超过半打。美国历史学家大卫·兰德斯把苏颂的水钟恰当地称为"辉煌的死胡同"（magnificent dead-end）[①]：它最大限度地利用了一种不可能进一步发展的原理。苏颂的水钟处于一种技术发展的终点，机械钟则处于另一种技术发展的开端。生产多个机械钟并不很困难，而且它很容易修复，可以变得小巧、实用甚至便携。特别是，它有得到根本转变的可能性，即用一种真正均匀振动的调节器——摆（pendulum）——来代替"原始平横摆"（foliot）。这发生在几百年之后，摆的属性被揭示出来（这是现代科学最早的成果之一）。从那以后，走时误差不会超过每天几秒钟。

简言之，与苏颂的水钟不同，机械钟的原理本身就蕴藏着进一步发展的可能性，不论是否有人知道到这一点。兰德斯强调了发

46

---

① 　David S. Landes, *Revolution in Time: Clocks and the Making of the Modern World.*（Cambridge, MA: Harvard University Press, 1983）第一章标题。

展潜力对于这两种测时原理的重要性。而对我来说,发展潜力则
是解释现代科学产生的一个关键。

47

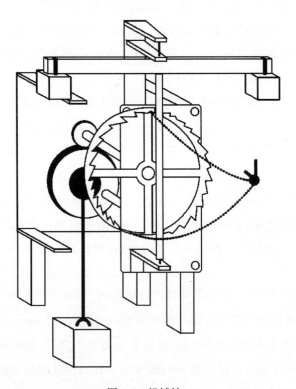

图 1.2　机械钟

　　用带有可移动荷重的金属杆("原始平横摆")来调节的棘轮装置,它可以
将悬挂重物的下落转化为来回摆动,从而使均匀性成为可能。但均匀性很不
尽如人意:随着重物的下落,来回摆动的频率会发生改变。

48

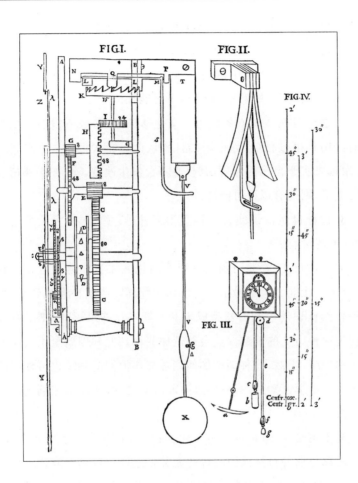

图 1.3 惠更斯的摆钟

右下（图三）是钟表构件；左边（图一）是钟表的侧视图；右上（图二）显示了摆的悬挂和与棘轮装置的连接。

这种思路的解释表现为三重的"如果-那么"。数百年热情的发现活动产生了某种自然认识，现在陆续有三种可能性：

1. 这种自然认识或者能够实质性地继续发展，或者不能。如果不能（各种迹象表明中国的自然认识就是这样），则它就是一个"辉煌的死胡同"。如果能，则有以下可能性：

2. 这种自然认识或者经历了文化移植过程，或者没有。如果没有经历移植过程（比如中国的自然认识），那么它将一直自我封闭，永远忠实于自己的原理，其核心不会发生改变。但如果移植过程发生了，则还有以下可能性：

3. 这种自然认识或者被转变为某种（或多或少）完全不同的东西，或者没有。

49 关于情形 1，关键问题是发现者的热情究竟在哪一点开始衰减，就像公元前 2 世纪希腊的自然认识那样。当这种衰减到来时，这种自然认识还可能有富有成果的发展吗？如果可能，则最好把这视为一种历史的馈赠。这会贬低那些得到此种馈赠全不费功夫之人的功绩，当然，此种馈赠如何能被算作他们的功绩也可能不被理解。历史学家知道，只有经过一段时间之后，才能确定到底发生了什么。

至于情形 2，即是否发生文化移植，则取决于一系列因素，这些因素都与那种自然认识的特性无关。地理位置和经济状况是重要因素，尤其是民族之间是否存在着贸易结点。最重要的是，大规模的军事征服是否动摇了整个文明，甚至导致了一种新文明的出现。

希腊自然研究在拜占庭的命运则从反面证明了文化移植所具有的决定性意义。在东罗马帝国晚期，甚至在公元 8 世纪它成为独立的拜占庭帝国之前，希腊自然哲学家和数学家的文本就在君士坦丁堡的宫殿和修道院中积聚起来。当然，这些都是原始的希腊文本。每一位拜占庭学者在查阅它们时都能直接理解而无需先做复杂的翻译。它们被查阅，被小心翼翼地抄写在精美的羊皮纸手稿上，甚至有个别部分被稍作修改和扩充。但我们不得不承认，在将近一千年的时间里，直到君士坦丁堡于 1453 年陷落，希腊自然认识几乎没有得到创造性的发展。而拜占庭学者却轻易地认为自己已经发现了一切。这里缺乏与文化移植相关的挑战。

最后，情形 3 涉及被移植的自然认识可能会发生一种比较激烈的甚至是革命性的转变。在下一章我们将会看到，这种可能性在历史中曾经出现过两三次，而且最终得以实现。如果我们研究这种转变过程，便可以解决这样一个谜（如果它能够被解决的话），即在 1600 年左右，少数成长于希腊传统下的欧洲学者如何能够重新创造世界，以致又过了 4 个世纪，我们仍然远没有从中恢复过来。

50

第二章　伊斯兰文明、中世纪欧洲和文艺复兴时期的欧洲

　　为了描绘希腊自然认识的陆续移植，我们选择一个比喻，或者说，我们停留在字面意义上的"移植"意象上。在希腊，有一些植物争奇斗艳，花团锦簇，我们可以想想夹竹桃，它们被精心种植和培育着。但几个世纪以后，苗圃倒闭，其托管人（拜占庭的统治者和学者）对其疏于料理。他们根本不在乎这些植物是否已经枯萎和凋谢。幸运的是，这些植物没有水也可以存活数百年。但要使它们重新抽出嫩芽，最好是剪下插枝将其移植。不过这就需要其主顾有良好的土壤和肥料，使插枝生根，植物开花。

　　主顾已经光临过三次。每一次，主顾的土地都事先得到了深耕。这一翻耕是通过战争发生的。

　　战争自然很可怕，在历史上，许多人都是战争的受害者。它打乱了生活的秩序，所有人都没有安全感。但这种破坏也为变化创造了机会。它可以很深刻，有时甚至富有创造性。我们已经看到了希腊世界自然认识的一个例子，即亚历山大大帝的征伐造就了一个文化中心，在那里，前苏格拉底的幼苗被培育成为一种系统化的、数学的自然认识方式。

每当希腊自然认识被移植,我们就会在移植地看到战争所带来的这种创造性影响。

第一位光临苗圃的主顾是一位哈里发,他是穆罕默德多位继承人中的一位。他被称为曼苏尔,于回历 140 年左右掌权(即公元 760 年左右)。这并非易事。他的家族发动了一场政变,他在随后的内战中赢得了胜利。曼苏尔声称这场政变是正当的,因为他是先知穆罕默德的叔父阿拔斯的后代。因此,他所建立的阿拔斯王族也就是阿拔斯的后代。他决定重新开始,建立了新的都城——巴格达,不过它是以亚历山大为蓝本的。他所接受的绝不只是棋盘式的街道,例如,曼苏尔下令搜集整个穆斯林帝国的古希腊文本手稿,将其带回巴格达译成阿拉伯语,大多数著作不得不从叙利亚语或波斯语译出。这位哈里发还向君士坦丁堡派遣了公使,让他们把希腊原始文本带回家。

是什么促使曼苏尔以及后来的阿拔斯王朝世世代代从事这项事业呢?无论如何,他们很清楚自己想要什么,不想要什么。他们感兴趣的并不是像荷马、欧里庇德斯这样的诗人,而是亚里士多德、托勒密以及其他希腊自然认识的伟人。他们的有些动机与托勒密时代并没有两样:一是可靠的占星学建议,二是(除阿拔斯以外)仅仅建立在征服基础上的统治的合法性。但除此之外还有些别的东西。在其新的波斯臣民中流传着这样一个传说:所谓的希腊自然认识原本是波斯人的,而亚历山大大帝窃取了它们。翻译运动仿佛使希腊的自然认识又成了合法财产,哈里发们希望由此让有教养的波斯人为宫廷服务。同时,这也是为了使人皈依伊斯兰教。此时距离穆罕默德在远离文明世界的麦加开始传教已经有一个半世纪。穆斯林领袖们清楚地知道，与他们无数的犹太教、基督教和拜火教臣民相比，这些发髻中仍然留有沙漠气息的征服者存有严重的文化欠缺。在神学争论中，他们通常处于劣势。因此，最先被译成《古兰经》语言的便是托勒密和亚里士多德的著作，这当中有许多内容是指导如何进行有效辩论的。在曼苏尔下令翻译之后的两个世纪里，译者们越来越多地开始按照自己的喜好行事。大约 10 世纪初，大多数希腊自然认识内容均已被译成阿拉伯语。这些手稿从穆斯林世界西端的安达卢西亚一直流传到东部的阿富汗。它们并非无价之宝：在巴格达的市场上，你可以用一头驴子换来托勒密《天文学大成》的一个抄本。

53

　　第二次移植开始于西班牙的托莱多。这一次它与一根插枝有关。11 世纪，阿拉伯的希腊自然认识繁荣于穆斯林世界的安达卢斯（al-Andalus）等地，即今天所谓的安达卢西亚。这是西班牙东南部的一个地区，当时，它的都城和文化中心是科尔多瓦。安达卢斯被第一任哈里发征服，但是现在，4 个世纪以后，它越来越受到西班牙北部诸多基督教国家的威胁。把西班牙从"摩尔人"手中重新夺回，一般用一个西班牙文词"Reconquista"来形容，即所谓的"收复失地运动"。这场运动直到 15 世纪末才结束，但在 1085 年，托莱多（位于今天的马德里附近）就已经落入了基督徒之手，这座城市成了又一个翻译中心。于是，现在又从原始希腊自然认识的阿拉伯枝条上取下了一根插枝，将它种植在拉丁人的土地上。其先驱者是一位来自意大利克雷莫纳的巡游学者，名叫杰拉德。他一直在寻找托勒密的《天文学大成》，但欧洲的少数几个图书馆中都没有。他1145年左右来到托莱多，开始翻译《天文学大成》，并且在那里度过了余生。他把大约70部希腊著作从阿拉伯语译成了拉丁语。开始他对阿拉伯语掌握得不是很好，所以他和十几位与之合作的学者起初还离不开犹太学者以及穆斯林学者的帮助。这也是早期三大一神论宗教信徒们精诚合作的一个绝好例证。入选翻译的依然主要是自然哲学和数学的文本。重点是亚里士多德的著作及其大量评注。

　　这些翻译家的动力从何而来？要想对此有所感觉，我们需要了解一下当时欧洲的局势。长期以来，欧洲顶多算是地中海罗马世界不太开化的附属物。7世纪时，最早的一批哈里发征服了从波斯到西班牙的广大地区，封锁了地中海。欧洲因而与文明世界隔绝。现在它不得不依靠自己。9世纪初，在查理曼大帝统治之下，欧洲曾经在短时间内成为一个政治统一体。而在巴格达，曼苏尔的孙子哈伦·拉希德的统治在多样化、文明程度以及国际开放性等诸多方面都超过了查理曼大帝。然后，查理曼大帝的帝国分崩离析，诺曼人在数个世纪里威胁着欧洲的海岸线。只有教会和修道院里还保存着一些文明遗迹，自然认识也只见于这些地方。虽然自然认识在阿拉伯世界很繁荣，但在孤立无援的欧洲，主要是僧侣们竭尽所能获得了一些概述性的文本。这些文本是当时"西方的"翻译路线所造就的，它们只是原来希腊自然认识遗产的苍白写照。而沿着"东方的"翻译路线，这些遗产经由叙利亚语和波斯语被更多地保存下来。然后被译成阿拉伯语使之得以传播到西至安达卢西亚的整个伊斯兰世界。到了 12 世纪中叶，杰拉德等翻译家们偶然间发现了那里聚集着的自然认识宝藏。于是他们得以在知识之源痛饮。在大约半个世纪的时间里，他们把亚里士多德、托勒密、欧几里得等作者以及阿拉伯评注者的文本译成了自己的学术语言——拉丁语。

300 年后，即 1453 年，又来了第三位主顾。当他叩击苗圃大门时，正值苗圃被敌人接管之际。他发现温室中的古老植物已经完全枯萎。他没有取下枝条，而是带走了所有植物，越过亚得里亚海，将它植入了意大利的土壤。

55　　　　我们这里谈论的是奥斯曼土耳其帝国的统治者苏丹穆罕默德二世征服君士坦丁堡之后对希腊自然认识的影响。穆罕默德二世把君士坦丁堡定为都城，并将其命名为伊斯坦布尔。但这位苏丹并不是以原先的植物为目标的主顾。事实上，哈里发的插枝在他的帝国仍然——或再次——繁茂。因此，研究希腊自然认识的奥斯曼帝国学者并没有特别的理由要对现在突然出现在君士坦丁堡／伊斯坦布尔的宫廷和东正教修院中的许多手稿进行深入研究。

然而，对于出生在君士坦丁堡附近的神父贝萨里翁来说却存在这个理由。他皈依了罗马天主教会，在意大利甚至被任命为枢机主教。主要是由于他的努力，意大利的古希腊文本才成为希腊自然认识的第三次也是最后一次移植的起点。现在，人们可以直接从希腊原文进行翻译。由叙利亚语、波斯语或阿拉伯语的转译所导致的错误不复存在，人们可以直接接触到 1500 年前的那些文本作者。亲临自然认识之源的那种激动和兴奋首先出现在文艺复兴时期的意大利，在 16 世纪也可见于西欧的其他地区。第三次移植发生了。

在接下来的一个半世纪里，人们又对克雷莫纳的杰拉德等翻译家的工作做了更高水平的加工甚至扩展。到了 1600 年左右，欧洲学者几乎可以看到所有没有亡佚的希腊自然认识的权威文本。印刷术的发明使它们现在更容易得到。但在文艺复兴时期的欧洲，与之前的伊斯兰文明或中世纪欧洲的情况一样，发生变化的并非只是翻译。植物的繁茂及其插枝不仅意味着其旧有的形式在新的肥沃土壤上重新复生。它还长出了新的枝条，开出了更为绚丽的花朵。

翻译问题与扩充的形式

56

翻译并不只是运送。对于讲授自然认识的文本来说，翻译必须是一种非常主动的过程。译者必须拥有比我们今天所谓的"源语言"和"目标语言"更多的知识，必须掌握源文本的技术特征、哲学行话、数学术语和论证风格，否则他将无法理解作者在谈及"普纽玛"或"平行"时是什么意思。假如待翻译的著作涉及某个在目标语言（比如《古兰经》的语言）中从未出现过的领域，则译者必须用目标语言自行创造词汇。那么，他是应当发明新的术语，还是赋予已有的术语以新的意义？他这时可以利用目标语言的特殊性质吗？比如在 16 世纪末，荷兰的西蒙·斯台文便做过这方面的努力。他引入了"wiskunde"一词来表示"数学"，即关于确定之物（"wis"）的专门知识（"kunde"）。

要想解决这些问题，译者需要有很高的创造力。不仅如此，我们今天关于忠实于字面的观念在当时并非译者的最高理想。下面这段话出自《天文学大成》的前言，它显示了公元 9 世纪的一位著名数学家对自己任务的理解：

> 本书由侯奈因·本·伊沙克从希腊语译成阿拉伯语，
> [……]哈兰（Harran）的萨比特·本·库拉修订。本书中的
> 一切内容，无论出现在哪个位置、哪一段或哪一页的边缘处，
> 无论是评注、概述还是文本的扩展，无论是为了便于理解所作
> 的说明还是简化，无论涉及修改、提示、改进还是修订，都出自
> 哈兰的萨比特·本·库拉之手。①

57　　简而言之，译者希望读者能够对所译文本的最新主题获得最佳的理解——解释和扩展便是为了这个目的。由此，两种根本不同的活动合到了一起：对文本的翻译和对其内容的扩充。在萨比特·本·库拉那里，这个过程已经在进行了：事实上，他对一系列希腊知识的扩充贡献甚多。他为阿基米德传统补充了关于具有重

---

① 引自 S. L. Montgomery，*Science in Translation. Movements of Knowledge Through Cultures and Time*（Chicago2000），p. 120。

量的梁的平衡状态的研究。或者再看看自然认识在伊斯兰文明中造就的伟人比鲁尼的工作，他为阿基米德关于流体中重物平衡的工作补充了一个近似于现代"比重"的概念。此外，萨比特、比鲁尼和其他一些数理天文学家还对托勒密《天文学大成》的理论模型作了一些修正。

问题是，在《天文学大成》中尚能与模型相吻合的观测数据，在近千年之后被证明并非全都足够准确。例如，托勒密曾认为，太阳年的长度以及黄道与天赤道所成的角度是常数。而在此期间，这个长度和角度都出现了显著不同的值，于是此后应当怎么做就成了问题。我们可以忽略旧值，使用新值，依照《天文学大成》的模型来编制新的星表，以显示天体在未来不同时刻的不同位置。但这样做的危险是，随着时间的推移，这些星表可能会像以前一样再次变得过时。我们也可以同时接受新旧数据的正确性。但这等于承认，太阳年的长度和黄道的角度在长时间之后都会发生变化，于是便不可避免地需要修改旧模型，以把长期变化计算进去。这说明了我们这里所谈的扩充过程的思想深度。事实上，无论在伊斯兰文明中还是在中世纪的欧洲，都有相当多的天文学家着手实施了第二种要求更高的方案。

有时，在古希腊一直未能解决的问题，可能会在三种"移植-文明"中得到解决。彩虹便是一个例子。以托勒密及其最佳阿拉伯继承者伊本·海塞姆的工作为基础，相隔千里的卡迈勒丁·法利西和弗赖贝格的迪特里希几乎同时解释了彩虹的形成。

58

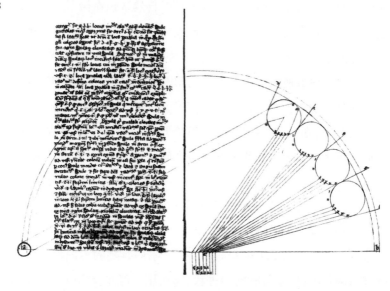

图 2.1 弗赖贝格的迪特里希对彩虹的解释

左下方是太阳,右边是四颗雨滴,下方中间是观察者。每一颗雨滴之中都会由光的折射、反射和再次折射而产生颜色光谱。

另一个例子是光线相继以不同角度在(比如空气与水的)界面上发生折射的规律性。托勒密只是以粗略的近似描述了这种规律性。正确的定律(即所谓的正弦定律)是由 10 世纪的伊本·萨赫勒发现的。他当然写下了这一发现,但这份手稿一直不为人知。又过了 7 个世纪,有三个从事亚历山大自然认识的人完全独立于59 伊本·萨赫勒并且彼此独立地重新作出了这一发现:维勒布罗德·斯涅尔记载其发现的手稿丢失了;托马斯·哈里奥特的手稿也像伊本·萨赫勒的手稿一样,直到我们这个时代才被重新发现;

只有勒内·笛卡儿以印刷形式实际发表了自己的发现,并尝试给出了证明。

　　这些都是扩充"亚历山大"自然认识的明显例子。不过,我们也可以谈谈对希腊人留下的另一种自然认识方式"雅典"的扩充。一个例子是亚里士多德对抛射体运动的解释。我们已经谈到了他的"自然"运动概念:只要有可能,由土和/或水构成的物体就会趋向宇宙的中心。物体竖直下落时,我们便可以观察到这一点。但我们抛出的石头会如何?亚里士多德称之为"受迫"运动,这对他来说有一个困难。即石头脱离我们的手之后,为何不会立即竖直下落呢?根据亚里士多德的看法,运动必须有一个推动者。然而,是什么推动者使抛射体还能继续向前运动一段时间呢?亚里士多德试图用空气来解决这个问题:抛射者的手赋予了临近的空气层一种推动能力。这种能力使石头继续向前运动。与此同时,第一个空气层又把这种能力以弱化的形式传给了下一个空气层。它再次推动石头前进,直到石头和最后一层空气最终都静止下来。这种构造非常勉强,它再次表明,在自然哲学的认识结构中,要想让固定的模式胜过没有偏见的知觉是多么困难。我们不是分明看到和感觉到空气阻碍了运动吗?不错,有几位带有批判性的亚里士多德学说的追随者也是这样看的。在伊斯兰文明中,有一位非常重要的亚里士多德评注者伊本·西纳(在中世纪的欧洲,他被称为阿维森纳)提出了另一种对抛射体的解释。中世纪的欧洲人进一步发展了他的解释。结果是,抛射者的手并未把其推动能力传递给空气,而是传递给了石头本身。于是,石头获得了一种内在的推动能力,即所谓的"冲力"(impetus),它将在一段时间内继续维持石头的运动。

　　这种解决方案可以轻松地与亚里士多德的学说配合起来。其思维方式和认识结构并没有改变，甚至亚里士多德本人都可能想出这种方案。还有一些例子也可以使我们清楚地看到在三种"移植-文明"中有什么样的扩充。虽然这些补充和修正必定最好地证明了显著的批判能力和创造性，但"亚历山大"或"雅典"的方法和认识结构一直没有改变。希腊人的基本假设被不加怀疑地接受了，因此也没有被全新或部分新的假设所取代。而用数学的自然认识来研究的一系列自然现象也没有得到扩展。它们仍然是已知的五种：天体的位置、音程、光线、固体的平衡状态和液体中的平衡状态。除了少数例外，对它们的处理仍然和在亚历山大时代一样抽象。就自然哲学而言，不同学派之间的那种雅典式的竞争又重新复活了，每一派都认为只有自己掌握着真理。因此，真理最终必定会从每一个学派的第一原则中产生。甚至对所有这些的怀疑论批判也得以复兴。黄金时代之后的古代自然哲学所经历的种种研究形式：概述、解释、评注、组合，每一次都会重新恢复。

　　对保存下来的整个希腊自然认识的扩充不仅在思维方式和结构上很有限，在内容上也是如此。让我们考察一下相对而言最为深刻的创新。它产生于数学领域。希腊数学几乎完全是几何学。早在阿拔斯王朝之初，就已经出现了一种代数形式。在当时伊斯兰文明所特有的世界主义气氛中，阿拉伯人和波斯人开始对一种在印度了解到的非几何的数学形式感兴趣。印度人发明了位值制：一个数字所代表的值取决于它在数中的位置（比如 374 中的 7 不代表"7"，而是代表"70"）。位值制不仅大大简化了日常生活中的计算，而且与零的引入一起为一种代数形式铺平了道路。这方面的第一位著名学者花拉子米区分了方程可能具有的六种形式（比如 $ax=b$ 或 $ax^2+bx=c$，不过所有这些都是用语词表达的）。这是一项有着巨大发展潜力的重要创新。但这是事后的判断。一直到文艺复兴时期，即使是利用这种代数所取得的最先进的成果也几乎没有超出用欧几里得和阿波罗尼奥斯的古典几何学方法所能达到的范围。这里同样涉及一种并未真正超出既定框架的扩充过程。伊斯兰文明是如此，中世纪和文艺复兴时期的欧洲文明也是如此。13 世纪初，列奥纳多·斐波那契在一本教科书中阐述了位值制。从那以后，商人们可以更容易地完成求和运算，但对自然认识却没有什么影响。代数的情况也是如此。

　　于是，我们一再看到，数学和传统自然认识的确能够被扩充，甚至到达传统思维方式的边界。但事实上，这些边界并没有被超越。这最明显地表现在托勒密非常重视的"亚历山大"与"雅典"的沟通上。人们曾经两次试图按照他的模型，把高度抽象的亚历山大自然认识与自然实在更加紧密地联系在一起。11 世纪时，伊本·海塞姆（阿尔哈增）接受了这一挑战。他非常熟悉托勒密的工作和希腊自然哲学，同时也是一名医生。他把对光线的几何解释发展成一种对视觉的一般解释。在其中，他把用几何学描述的光线路径、眼的解剖学所揭示的知觉以及符合他本人思想体系的自然哲学片段结合在一起。

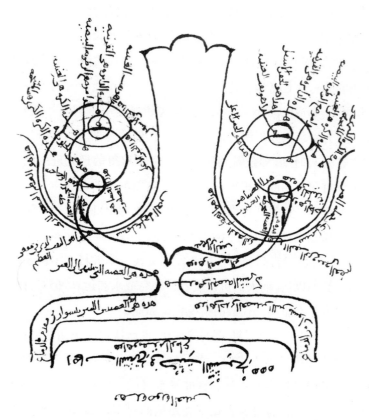

图 2.2　伊本·海塞姆(阿尔哈增)对视觉的解释

　　有一个用旋转油灯所作的实验可以支持这种构造。从今天的角度来看,伊本·海塞姆的综合几乎没有什么用处。但对于历史学家来说,这并不是关键。通过把不同领域的知识创造性地结合在一起,他的工作代表着希腊自然认识三次文化移植的最佳成果。5 个世纪以后,威尼斯圣马可教堂的一位博学的唱诗班指挥吉奥塞弗·扎利诺在和声学领域也作出了类似的综合。虽然事实证明,这两种综合尝试都是站不住脚的,并且已经随着 17 世纪初现代科学的产生而被抛弃,但这也不是关键。关键是,无论在伊斯兰文明中还是在后来文艺复兴时期的欧洲,托勒密使数学科学更接近实在的努力受到了普遍重视,并且被创造性地加以改进。伊本·海塞姆和扎利诺都把托勒密的解决方案当作出发点,并以托勒密的精神继续进行了构建。我们再次到达了希腊自然 63 认识所追求的边界,但并没有超越这个边界。到了 1600 年左右,只要总览一下欧洲和伊斯兰文明中希腊自然认识的状况就会看到,虽然有许多东西得到了澄清和扩展,但其核心一直未变。任何从事和推进希腊自然认识的人都会认为,数学科学的出发点仍然是阿基米德和托勒密,自然哲学的出发点仍然是雅典的各个学派。

伊斯兰文明:特殊发展

到目前为止,我们已经看到了在翻译和处理希腊自然认识方面三次文化移植的共同之处。在认识结构保持不变的情况下,内容上的扩充模式清晰地显现出来。然而,差异也是存在的。

一个显著的差异是移植发生的时间。它在伊斯兰文明中始于 8 世纪,在中世纪的欧洲始于 12 世纪,在文艺复兴时期的欧洲则始于 15 世纪中叶。这种差异使得每一个后来阶段都能在某种程度上从之前获得的新知识中受益。因而伊本·海塞姆对光与视觉的综合能够被中世纪的欧洲所接受,然后在文艺复兴时期原封不动地继续存在。

另一个差异是，在所有这三次移植中，对希腊自然认识的传播和接受并非同样完整：在文艺复兴时期为最强；在中世纪最弱，接受也很片面；而伊斯兰文明则介于中间。虽然在整个伊斯兰文明中，原子论、斯多亚派的观点乃至一些怀疑论批判一直不绝于耳，但在哲学辩论中占主导地位的主要还是亚里士多德和柏拉图。在作哲学辩论时，并不总对这两位伟人作严格区分。大哲学家金迪、法拉比和伊本·西纳（阿维森纳）所作的概述和评注表明，他们主要偏向于以柏拉图的精神来解决亚里士多德的问题。

在伊斯兰文明中，无论是过去还是现在，整个知识一直被划分成"阿拉伯知识"和"外国知识"。前者包括关于《古兰经》、先知传统以及律法的知识，而"外国知识"则指以希腊自然认识为主要组成部分的所有别的东西。希腊自然认识虽然没有形式归类，但在实际操作中却被明确划分成"雅典的"和"亚历山大的"——无论是过去还是现在，它们一直像在之前的希腊人那里一样，是两种极为不同的自然认识方式，几乎没有接触点和相互作用。有一点区别值得注意：在古希腊，哲学家和数学家一直是不同的人，而在伊斯兰文明中却并非总是如此。自然哲学家金迪和阿维森纳也研究数学，但他们显然并未把哲学和数学结合起来，他们就好像是在用两个分离的大脑半球工作。这种现象我们以后还会碰到。

然而，伊斯兰文明中的自然认识并未耗尽对"雅典"和"亚历山大"的处理和扩充。在这些工作的边缘处，我们看到了一些显然源自于这种特殊文明的主题。《古兰经》要求每一个信徒都面向麦加祈祷。伊斯兰世界的领土越是扩张到阿拉伯半岛以外，新建的清真寺就越难精确对准麦加的方向。从理论上说，这是一个复杂的球面三角学问题，伊斯兰数学家大约花了两个世纪来寻求这个问题（qibla，即祈祷方向，今天我们用 GPS 全球定位系统来确定）的精确解决方案。此外，《古兰经》还要求信徒们每天祈祷五次。这些时间点是通过黎明、黄昏、影长等很难精确确定的事件来确定的。许多数学天才都被这个问题难住了。《古兰经》所规定的遗产分配规则也是如此，花拉子米开创性的代数工作在很大程度上正是致力于此。除此之外，信众团体的形成还激发了一种保持健康的愿望。于是，历史上第一次产生了公共医院，而且许多从事希腊自然认识的人同时也是医生。最后，我们发现在伊斯兰文明中，有人试图使金属发生嬗变，或者通俗地说，他们寻求如何能把铅变成金。从古至今，炼金术一直是自然认识最出众的多元文化领域。亚历山大出现了炼金术的最初萌芽，而中国人则相信实现嬗变的方法同时也藏有一种使我们延年益寿的能力，即"丹药"。炼金术不仅是一套关于地下的金属如何由贱金属（铅）变成贵金属（金），以及如何人为地加快这一过程的种种想法，而且也涉及实现这种加速的种种技术，比如通过煅烧、蒸馏、过滤等等。在伊斯兰文明中，所有这些内容都是通过一种秘密的隐喻语言表述的，原料的净化被象征性地理解为一种灵魂净化过程。

现在我们来回顾一下希腊自然认识移植到伊斯兰文明的三个特点：这是第一次移植；它虽然包含了大部分文本，但并非全部；此外还有一些问题得到了讨论，它们并不属于亚历山大或雅典的自然认识方式，而是反映了这种特殊文明的特色。

还有最后一个重要特点,它涉及自然认识在伊斯兰文明中的衰落。

这样一种衰落毫无疑问发生过。至于它是如何发生的以及如何引起的则众说纷纭。对这些问题的许多回答往往轻率而随意,缺乏可靠的基础,以致有能力阅读阿拉伯语或波斯语原文的专业人士会倾向于认为整个问题过于思辨,不可能有历史定论,然后便置之不理了。在我看来,专业人士在这里保持沉默同样走得太过。在个别情况下,由经验考察所得出的结论是能够得到历史比较的实实在在的支持的。可作比较的东西是显而易见的(据我所知,这种工作还从来没有做过),那便是原初形式的希腊自然认识在公元前150年左右的衰落。我们把它视为一种包含更广的模式的一部分:一种生机勃勃的繁荣在一个黄金时代达到顶点,然后便是突然的急剧衰落。关于这种衰落,我提两点:1.有时几个世纪以后仍然会出现一些创造性的杰出成就(比如托勒密的成就)。2.关于为何会出现衰落,这个问题的提法不当。

两种文明繁荣与衰落的总体模式见下表。楷体的关键词表示主要差异。

表 2.1

	希腊	伊斯兰文明
繁荣	创造 +(数学上的)转变	翻译 → 扩充
黄金时代	从柏拉图到希帕克斯	从金迪到伊本·西纳 + 比鲁尼 + 伊本·海塞姆
衰落	约公元前 150 年	约公元 1050 年

续表

	希腊	伊斯兰文明
1. 为什么？	事件的正常进程	事件的正常进程
2. 为什么是这时？	怀疑论危机？赞助终止？	入侵 → 内转
3. 后果	急剧衰落，持续，长时间处于低水平	急剧衰落，持续；局部性、区域性地回到更高水平
表现为	编纂，评注，调和	评注
后开的花	托勒密、丢番图、普罗克洛斯、菲洛波诺斯	图西、伊本·沙提尔、伊本·鲁世德（阿威罗伊）

当然，早期的繁荣与后来的不同。就希腊的繁荣而言，部分是原创的认识，其余则是源自别处的知识的转变。在伊斯兰文明中，希腊遗产经历了长时间的翻译和扩充过程。不过，无论是对未知事物的探索，还是重新发现被遗忘的知识，二者都表现出了发现的冲动、活力与热情。这两种繁荣都在黄金时代达到顶峰。其标志是"具有伟大创造性的天才层出不穷"。在伊斯兰文明中，当巴格达出现了萨比特·本·库拉等一系列伟人之后，到了11世纪上半叶，尤其是伊本·西纳（阿维森纳）、比鲁尼和伊本·海塞姆（阿尔哈增）标志着最高点。此后便像以前希腊的情况那样，出现了急剧衰落。他们的工作不再有人问津，更不要说被进一步发展、超越，或者从根本上重新反思，转变成某种很不一样的东西了。所有这一切都没有发生，随着这三个人几乎同时离世，数百年的发展也结

束了。

为什么会这样？

前面讲过，在旧世界，繁荣与衰落的模式非常接近。需要解释的其实是这一模式的反面，即现代科学在世界历史上独一无二的持久性。因此，自然认识在伊斯兰文明中的衰落本身并没有什么特别的。对于为什么的问题，回答同样是："我们还能期待什么？"但对于那个特定的问题，即为什么恰恰在 1050 年左右失去了活力，而不再有更进一步的发展？则需要给出回答，即使这种回答不可能完全确定。一些人往往把这种衰落归结为巴格达在 1258 年被攻陷，当时成吉思汗的孙子旭烈兀率领蒙古大军西进，洗劫了这座城市。还有一些人则认为 11 世纪末的一部很有影响的著作是罪魁祸首。在书中，作者加扎利以"阿拉伯知识"的名义与"外国知识"进行了激烈辩论。但这类解释都有严重的缺陷。前一种解释在时间上已经不对了，因为在 1258 年，衰落早已发生了。而且在黄金时代的顶点，巴格达已经不再是自然认识的中心——比鲁尼和伊本·西纳在波斯甚至是更东边的统治王朝效力，伊本·海塞姆则为埃及的法蒂玛王朝服务。第二种解释则至少有一个弱点，那就是，单凭一本书并不能使一种曾有数十人在数个世纪里为之作出贡献的运动陷入停顿。即使加扎利特别以此为目的，它也不能成功，何况加扎利对哲学知识所自称的确定性的怀疑论攻击实际上并不是那么回事。

尽管如此，这两种对衰落作出一般性解释的尝试为我们提供了线索，以回答为什么衰落恰恰开始于 1050 年左右。我们应当把巴格达的陷落看成一系列大规模入侵的一个象征，其中蒙古人的入侵是最具破坏性的,但并非第一次。从大约 1050 年到 1300 年,从伊斯兰世界北部、南部和东部的草原和沙漠大举入侵的游牧民族或半游牧民族造成了巨大的破坏:柏柏尔人、蒙古人、巴努希拉尔人、塞尔柱突厥人,然后是欧洲人的十字军东征。任何一种支脉纵横的文明经受这样的侵略和掠夺,都不可能不衰退:

> 因此,公元 1300 年的伊斯兰世界非常不同于公元 1000 年的伊斯兰世界。倭马亚王朝、阿拔斯王朝和法蒂玛王朝时代的那个自由、宽容、好奇、"开放"的社会,因为受到毁灭性的野蛮入侵和经济衰退的打击而让位于一个狭隘、僵化、"封闭"的社会。[1]

伊斯兰文明发生了内转,试图通过回到旧有的信仰真理来寻求庇护,这些真理为一个不确定的、陷入混乱的世界提供了有力支持。

这本身并非伊斯兰文明所特有。1241 年,旭烈兀的侄子巴图可汗的军队从俄罗斯向西推进。当大可汗,即巴图可汗叔父的死讯传到军营后,这支部队立即班师回朝参加继承人选举。假如历史不是这样,倘若其叔父的肝脏能够承受更长时间的酗酒,或者这一家族有其他继承条例,使巴图的无敌骑兵得以继续向西推进,则正在缓慢崛起的欧洲文明很可能也会就此遭殃。

69

---

[1]　J. J. Saunders, "The Problem of Islamic Decadence", *Journal of World History 7*, 1963, 701—720;716.

　　欧洲偶然躲过的噩运却使伊斯兰文明遭受了沉重打击。伊斯兰文明发生了内转，主要关注于个人的救赎和按照《古兰经》的字面含义来共同思考精神价值。各处建立了马德拉萨（Madrasa），即关于阿拉伯知识的高等教育学校。今天，这种形式的教育依然存在，而且经常出现在大标题中，尤其是在巴基斯坦。在马德拉萨，"外国知识"很少被编进课程表。于是两种知识的和平共处让位于一种普遍信念，即从"阿拉伯的"角度来看，"外国知识"是完全无用的，因此，研究希腊哲学甚至被认为是亵渎神明。

　　这种疑虑古已有之。早在阿拔斯王朝的鼎盛时期，巴格达就有一个叫伊本·库泰巴的人对这种"外国知识"感到愤怒。当时甚至连地方官员都会炫耀他们掌握的外国知识，即使它对日常生活毫无用处，甚而会妨碍年轻人认真研究《古兰经》。伊本·库泰巴的反对在当时并没有产生任何效果。但是到了 11 世纪，这些知识却触及到了敏感神经。现在，加扎利的怀疑论批判被理解成完全拒绝这些知识。如果在建造新的清真寺时必须确定其指向，经师们会简单地确定麦加的方位，而不会关注更先进的球面三角学细节。

　　数个世纪以来，在伊斯兰世界，几乎没有人从事自然认识。

　　但并非永远如此。

　　就希腊的情形而言，我们不能说复兴，因为仅仅存在着个人偶然的后燃效应，这些我们已经说过。而在伊斯兰文明中，这些后燃效应具有区域性复兴的特征。经过一番掠夺，新的王朝在三个相距遥远的地方建立起来，它们重视源自希腊的自然认识出于不同的理由。

旭烈兀本人便是其中一个王朝的开创者。为了更准确地预测天体的位置,他在都城马拉盖(Maragheh)建立了第一座天文台,并把一位名叫纳西尔丁·图西的政治机会主义者任命为台长,此人将成为伊斯兰世界最伟大的天文学家之一。他和几个与天文台有关的人一起对托勒密《天文学大成》中常用模型的天文值和其它部分重新作了修正,在黄金时代,尚未有人作过这种修正。今天,所谓的"图西双轮"(Tusi couple)尤其引起学者的注意,这是由两个圆周运动合成一个直线运动的聪明办法。此前,我们只是从大约200年以后哥白尼的名著中了解到这种双轮机制,直到半个世纪之前,人们在一份波斯手稿中重新发现了它。事实上,哥白尼的这个发现很可能要归功于图西,但到目前为止尚无可靠证据。托勒密的看法和断言还有其他一些修正。假如一个人从静止不动的地球升至恒星天球,那么根据托勒密的宇宙模型,他将依次遇到以下行星:月球、水星、金星、太阳、火星、木星、土星。但图西的助手乌尔迪却令人信服地论证说,水星和金星这两颗内行星的次序必须倒转。

简而言之,黄金时代的旧模式——即认识结构保持不变情况下的扩充——仍然没有改变,但完善和扩充比较大胆。数学的情况也是如此,例如奥马·海亚姆(著名四行诗人)通过圆锥曲线的交点来解一些三次方程。他还预见到了将在16世纪末的欧洲发生的一种更加根本的发展,即代数与几何越来越等同起来,再往后半个多世纪,将由此发展出微积分。

在奥斯曼帝国的苏丹们迅速扩张的领土上也出现了一些区域性的复兴。在他们的帝国中,自然认识采取的是对黄金时代的著作进行评注这种熟悉的旧有形式。例如，比托勒密本人更加亚历山大的比鲁尼曾经拒不遵从托勒密的做法，他会在合适的地方用自然哲学思想来支持数学论证。在奥斯曼帝国，有一个名叫古什吉的人把比鲁尼的这种立场与当时许多天文学家热烈讨论的一种观念结合了起来。这种观念认为，没有什么观测表明地球不可能绕轴自转。但是，如果在转动的地球上，一切事物都与在静止不动的地球上没有区别，而且如果任何自然哲学论证都无法反驳这一观点，那么从地球自转出发，看看它在多大程度上能够帮助建立行星模型——这正是古什吉所要做的事情——就已经没有什么障碍了。但他并没有走出这一步。比安迪的情况也是类似。他顺便指出，地球上的运动物体有保持圆形轨道的倾向。大约一个世纪以后，伽利略才把这种观念作为他彻底变革亚历山大自然认识的出发点。比安迪只是在一个注解里顺便提了它一下，而没有得出进一步的结论。

　　与在旭烈兀和奥斯曼帝国的苏丹那里一样，在自然认识复兴的第三个地区安达卢西亚，皇家赞助也是这一复兴的结晶点。这里，有两个相继的柏柏尔王朝有兴趣推动自然认识。其君主这样做时非常有选择性。虽然大多数数学文本的确到达了安达卢西亚，但它们一直没有受到重视——柏柏尔君主首先在哲学、特别是亚里士多德的哲学中寻求自己统治的合法性。哲学家兼法官伊本·鲁世德（阿威罗伊）为亚里士多德的一部部著作撰写了评注，以使其重新从柏拉图主义的解释中摆脱出来，这些解释是由此前伊斯兰世界东部的法拉比和伊本·西纳提供的。在其他方面，我们也可以看到安达卢西亚有一种纯粹的亚里士多德主义。"雅典"

72

与"亚历山大"很少像在阿威罗伊那里一样截然分离。他断然拒绝了他已经很熟悉的基于托勒密学说的模型构造：

> 今天的天文学无法为我们提供任何可以从中导出实际现实的东西。在我们生活的时代发展出来的模型符合的是计算，而不是实在。[①]

阿威罗伊还针对加扎利的怀疑论反驳，捍卫了亚里士多德学说不容置疑的确定性。因此很奇怪，他后来竟然被启蒙运动的一些支持者称为早期的伏尔泰！要知道，启蒙运动所捍卫的恰恰是一切知识的开放性，所反对的是对知识进行教条式的封锁。

由以上所述可以看出，总体而言，自然认识在伊斯兰文明中的兴衰表现为和希腊一样的前现代模式。无论在伊斯兰文明还是在希腊文明中，黄金时代之后的衰落都是突然和急剧的，而且都产生了一些杰出的个人成就。然而，只有伊斯兰文明中的这些成就深深地植根于三次区域复兴：蒙古人统治下的波斯，奥斯曼土耳其帝国统治下的东地中海地区以及柏柏尔人统治下的安达卢西亚。正是由于柏柏尔君主渐渐重新征服了基督教的西班牙，才为第二次移植的发生创造了条件。

---

① 引自 R. Arnaldez and A. Z. Iskandar, entry 'Ibn Rushd' in *Dictionary of Scientific Biography* XXII, p. 3。

中世纪欧洲:特殊发展

　　事实上,克雷莫纳的杰拉德等人在安达卢西亚所作的翻译工作对欧洲的发展产生了深远影响。因为在欧洲,希腊自然认识的发展与东方的伊斯兰世界有明显的不同。与阿拔斯王朝的巴格达和后来的文艺复兴时期不同,中世纪的自然认识几乎完全以亚里士多德的学说为导向。当其他雅典学派的著作在托莱多被大量翻译出来之前,欧洲所拥有的少量知识遭到遗忘,亚里士多德几乎获得了垄断地位。但丁在《神曲》中称亚里士多德为"一切有识之士的导师"[1],便很能说明这一点。

　　这种优势不仅体现在哲学领域,而且也延伸到了数学的自然认识。克雷莫纳的杰拉德已经把亚历山大的核心文献从阿拉伯文译成了拉丁文,比如托勒密的《天文学大成》和欧几里得的《几何原本》。但接下来,其内容只有通过简化才能被人理解。此外,典型的数学证明变成了亚里士多德学说所特有的论证形式。我在前面已经讨论了"亚历山大"与"雅典"之间的差异和缺乏互动。在安达卢西亚,数学的自然认识方式继续从属于唯一的一种哲学形式。在中世纪的欧洲,这种情况就更严重。

　　之所以会产生亚里士多德主义的垄断,不仅是因为在安达卢西亚所拥有的文本的片面性,而且也是因为翻译亚里士多德全部著作之时正值第一批大学建立起来。每一位学生,不论他是

73

---

　　① Dante Alighieri, *Divina Commedia*, canto 4, line 131.

想当医生、律师还是神职人员，都必须首先完成"艺学院"（arts faculty）的课程（七种自由技艺［*artes liberales*］）。经过详细的评注，亚里士多德的学说变得更加容易理解，这种形式使之很适合作为公共"基础课程"。大约从 1250 年至 1650 年，受过学术教育的欧洲人几乎没有不了解亚里士多德学说的。

　　尤其是在公元后的最初几个世纪，亚里士多德的学说几乎完全是由僧侣和神父们传播的。我们也许会以为这些学说未经质疑和反抗就被接受了。事实绝非如此。亚里士多德著作中有许多内容都不能与基督教教义很好地相容。基督徒相信，人死后灵魂会离开身体，而亚里士多德却认为，灵魂是一种无法与身体质料相分离的形式，身体质料正是被灵魂这种形式赋予生命的。在亚里士多德看来，世界是永恒存在的，而基督徒却认为时间是有限的，创世代表着时间的起点，末日审判代表着时间的终点。在 13 世纪上半叶，多明我会修士大阿尔伯特和他的学生托马斯·阿奎那被新近翻译的亚里士多德著作中对各种现象之间关系的新见解深深地吸引。而另一方面，他们很清楚神学对此的反驳。在他们看来，值得费气力把这些反驳尽可能地清除出去。问题是，如何来做？大阿尔伯特和托马斯·阿奎那都写了很厚的"大全"（*Summae*），对可能想到的所有方面作了阐述和总结，明白易懂地解释了亚里士多德的学说，并且在必要时对其作了调整。这样一来，亚里士多德的学说和基督教的教义就被紧密联系在一起。

　　之所以能够做到这一点，主要归功于托马斯。他清楚地认识到了核心问题，并且找到了一个天才的解决方案。这个核心问题

74

就是上帝的绝对意志。根据《圣经》的说法，上帝按照自己的意愿创造了这个世界，他可以自由地任意对待其造物。而根据亚里士多德对世界的解释，世界只可能是它实际所是的样子——它是一个必然性的世界，而不是自由的世界。阿奎那的策略是把上帝的全能与亚里士多德学说使造物主受到的限制调和起来。为此，他区分了上帝的绝对能力（*potentia absoluta*）与上帝的常规能力（*potentia ordinata*）——中世纪学者很擅长作区分。常规能力意味着，上帝虽然的确可以在他所选定的任一时刻干预事物的自然秩序，但他出于自由意志决定不这样做。他虽然能够这样做，但并不愿意这样做。

为了说明大阿尔伯特和托马斯的后继者们在中世纪的亚里士多德评注中的常见做法，我们不妨以真空为例。在自然界中，我们从未发现过真空，亚里士多德也已经从逻辑上证明，真空是不可能的。物体在水或糖浆中要比在空气中下落更慢。这种现象很容易概括成一条规则，即物体周围的介质越稀薄，物体下落就越快。因此，在真空这种无限稀薄的介质中，物体的速度必定是无穷大。但这是不可能的，因为一个物体不可能同时处于两个位置，因此真空不可能存在。亚里士多德正是这样说的。这条论证也没有什么缺陷。（但在伽利略之后我们知道，这种概括是无法接受的。）这对上帝来说意味着什么？倘若他创造不出真空，这是否会损害他的绝对意志？例如在最具创新性的亚里士多德评注家之一让·布里丹的讲座记录中，我们可以看到，在处理真空问题时，他的阐述分为两个部分。他首先解释说，假如上帝愿意（但我们可以假定他通常不会愿意），他完全可以创造出一个真空。布里丹甚至提出了上帝创造出真空的一些可能性。但是接下来,布里丹用更大篇幅从容不迫地详细处理了早期评注家针对亚里士多德的所有反驳,他们似乎把这些反驳当成了反对亚里士多德对真空不可能性的证明的思想练习。

亚里士多德的垄断地位就这样得到了确立。其结果影响深远。有一些具有数学天赋的人试图寻求一条出路,但由于沿着亚历山大的方向什么也找不到,所以他们会在小范围内抓住机会,沿着定量的方向发展亚里士多德的学说。在牛津就有这么一群人,他们被称为"计算者"(*Calculators*)。在亚里士多德看来,事物的性质显然不可能还原为定量的东西。(我们把红定义为波长为 0.0008 毫米的波,这在亚里士多德的学说中根本没有意义。)计算者们想到,可以赋予某种属性以时强时弱的强度——例如,花有些时候会比其他时候更红。用这些强度及其差异可以作各种数学运算。在巴黎,布里丹的学生尼古拉·奥雷姆接受了这一思想,并把它用于一种新的图形表示中。

正是这位奥雷姆提出了地球周日自转的设想。他曾经用自然哲学证据和经验证据对此作了详细论证,但最终却把它当作一个纯粹的思想游戏而拒斥了,而且它也与《圣经》的一些段落相冲突。总之,从大约 1250 年至 1450 年,即使是关于自然的最具创新性的思考,也是在一种既定的(尽管得到了创造性的拓展)思想框架中发生的。

不过也有例外。正如在伊斯兰文明中,有一个困难的数学问题要归功于他们的圣书,即如何朝着麦加的方向祈祷。在基督教的欧洲,也有如何确定复活节日期的问题,这个日期每年都会变化。根据福音书中的叙述和儒略历的规定，有天赋的数学家渐渐成功地找到了这个问题令人满意的解决方案。不过，与建造新的清真寺不同，教会把这一解决方案付诸了实施。当然，处于希腊自然认识框架之外的不仅有确定复活节日期的问题，还包括中世纪对另外两个非常不同的主题的处理，即鹰猎术和磁铁的效果。前者的作者是霍亨斯陶芬王朝的皇帝腓特烈二世，他在有生之年也被称为"世界的惊讶"（*stupor mundi*）。腓特烈是一个想清楚知道一切的人。他的论著《用鸟类狩猎的技艺》（*The Art of Hunting with Birds*）洋溢着这样一种精神："它对自然的细节怀有强烈的好奇心，这在一个越来越在现象中寻求共相的时代是极不寻常的。"① 为了弄清楚秃鹰是通过嗅觉还是视觉发现腐肉的，他把一只秃鹰的眼睑缝合起来，结果这只秃鹰完全无视自己面前的腐肉。秃鹰不吃除腐肉以外别的东西。当人们把新鲜的雏鸡放到饥饿的秃鹰面前时，它们根本没有表现出兴趣。腓特烈的好奇心总是有一个实际目的——他对各种鸟类行为习性的精确观察和描述将会促进鹰猎的发展。

77   对于这样一种既是经验的、同时又注重实用价值的对自然现象的研究，在中世纪只还有一个例子，那就是由马里古的皮埃尔所撰写的一部关于磁的论著。例如他发现，无论把磁铁对半分开多少次，每一次获得的磁铁都同时具有南北两个磁极。他仔细研究了自由转动的磁针是如何指向的。他这样做与其最终目标有关，

----

① Michael McVaugh, entry "Frederick II of Hohenstaufen" in *Dictionary of Scientific Biography* V, pp. 146—148; p. 147.

那就是探索磁性,以改进罗盘的导航作用。

表2.2

	希腊	伊斯兰文明	中世纪欧洲
繁荣	创造＋(数学上的)转变	翻译 → 扩展	翻译 → 亚里士多德主义扩充
黄金时代	从柏拉图到希帕克斯	从金迪到伊本·西纳＋比鲁尼＋伊本·海塞姆	从大阿尔伯特到奥雷姆
衰落	约公元前150年	约公元1050年	约公元1380年
1. 为什么?	事件的正常进程	事件的正常进程	事件的正常进程
2. 为什么是这时?	怀疑论危机?赞助终止?	入侵 → 内转	创造了扩充的可能性
3. 后果	急剧衰落,持续,长时间处于低水平	急剧衰落,持续;局部性、区域性地回到更高水平	
表现为	编纂,评注,调和	评注	评注
后开的花	托勒密、丢番图、普罗克洛斯、菲洛波诺斯	图西、伊本·沙提尔、伊本·鲁世德(阿威罗伊)	无

中世纪的自然认识同样显示出了清晰的繁荣和衰落模式。我们再作一次比较,以进一步发现其特殊特征。在上表中,这些特征以楷体表示。 78

前面我们已经详细讨论了第一个中世纪特征，即在五个雅典学派中，只有亚里士多德的学派留了下来，"亚历山大"仿佛转入了地下，或者被融入了亚里士多德主义的思维方式之中。此外，我们还注意到，这种垄断并没有阻碍繁荣——这一繁荣是大阿尔伯特和托马斯·阿奎那的功劳，它再次预示了一个黄金时代。我们在几代人之内再次看到了一批高水平的革新者，比如布里丹、奥雷姆、牛津计算者等人。黄金时代再次突然结束。随着奥雷姆1382年去世，这一时代也随之结束，只是这种衰落比以前的更为剧烈和彻底——我们甚至没有看到迟开的花。在后来的评注中，布里丹的"冲力"概念、计算者的结论和奥雷姆的图形表示几乎都被原封不动地接受了，并没有什么新东西加入进来。特别是在这一时期，"经院哲学"的概念获得了一种名声，即被认为是一些毫无意义的咬文嚼字。中世纪晚期的那些亚里士多德主义论著过于枯燥乏味，以致再也没有出现在自然认识的历史中。之所以存在这种差异，也是因为自托莱多的翻译运动以来，中世纪的自然认识具有一种固有的片面性。当思想一直被困在一个体系内部时，由于没有其他资源可以利用，所以即使是亚里士多德哲学那样非常灵活的哲学也只能在原地兜圈子，以至于其革新很快就到达了自己的边界，最后陷入了教条式的咬文嚼字。只有出现了竞争，感觉到了对话的必要，边界才可能进一步拓宽。1453年君士坦丁堡的陷落便为这种竞争的出现提供了机会。

文艺复兴时期的欧洲：特殊发展

君士坦丁堡陷落后，主要在枢机主教贝萨里翁的推动下，意大利出现了积极的翻译运动，而且很快就传遍了整个欧洲。其主要后果是，五个雅典学派和亚历山大的自然认识方式在150年的时间里被完全恢复。完成这些工作的人通常被称为"人文主义者"。

"人文主义"有各种不同的含义。这里我们把它理解成一种旨在——越过被认为黑暗沉闷的中世纪——回到古典时代来革新知识的运动。绘画、文学、音乐等许多分支的革新也往往采取回到古代源泉的方式。除了努力恢复古代文本，人文主义主要怀着一种教育理想：它并不与某种特定的哲学运动完全联系在一起。伊拉斯谟、托马斯·莫尔等著名人文主义者都会带着怀疑论的嘲讽口气，利用皮浪以及后来的怀疑论者所发展出来的诸多反哲学论证。不过，大多数人文主义者都会专注于其他某个雅典学派，或者致力于数学文本。现在，被从希腊语翻译成拉丁语的不仅有亚里士多德的著作，而且也有柏拉图的对话、原子论者和斯多亚派幸存下来的文本，以及我们今天所拥有的几乎所有亚历山大的论著。古典哲学辩论再次兴起。它同样表现为可由第一原理导出的意见的交换，其支持者认为这些原理是毋庸置疑的。因此，这种讨论并非很富有成果。但印刷术的出现使它们变得更有活力。新技术并未改变那些讨论的性质，但有利于更多的人了解和参与辩论。与此同时，那些在欧洲大学中专门传授亚里士多德学说的人开始感到其垄断地位丧失的挑战。他们清除了因为由希腊语译成叙利亚语、由叙利亚语译成阿拉伯语、再由阿拉伯语译成拉丁语所导致的文本错误。此外，他们还在课程中运用了新兴的人文主义所设计的更能迎人心意的教学法。

人文主义为亚历山大传统带来了最为深刻的变化。例如，我们看看受枢机主教贝萨里翁保护的雷吉奥蒙塔努斯在君士坦丁堡陷落 11 年后，即 1464 年，在帕多瓦所作的一次讲演。雷吉奥蒙塔努斯在其中赞颂了数学和数学的自然认识：

> 欧几里得的定理直到今天仍然同一千年前一样真确。一千年后，阿基米德的发现仍会在人们心中唤起我们此时所感受到的那种赞叹。[①]

雷吉奥蒙塔努斯仿照托勒密，把数学知识的确定性与在哲学家那里经常听到的虚假的确定性相对照。他由此指出，哲学尤其不应具有较高的社会威望，在大学中从事哲学工作的人享受高得多的薪水也同样不能被接受。简而言之，现在是重新恢复数学自然认识的最佳时机。

此外，雷吉奥蒙塔努斯还在讲演中提出了一个出版古代数学文本的详细计划。8 年后，他购置了一台自己的印刷机开始进行

---

① 引自 N. M. Swerdlow, "Science and Humanism in the Renaissance: Regiomontanus' Oration on the Dignity and Utility of the Mathematical Science", in P. Horwich (ed.), *World Changes: Thomas Kuhn and the Nature of Science* (Cambridge, MA: MIT Press, 1993), pp. 131—168; p. 149.

这项工作。又过了 4 年,他离开了人世,年仅 40 岁。他本人没能完成的任务由别人接了过去。大约在 1600 年,他的出版计划几乎全部完成,但其社会目标却没能实现。数学家仍然是或再次成了(因为在中世纪,亚历山大的自然认识方式几乎得不到支持)廷臣,与赞助相关的所有不确定性依然存在。数学家偶尔会是教授,但其薪水甚至不及他的哲学同事的四分之一,而且很少受到关注。

在内容上,数学自然认识领域并非只是翻译和研究古代文 81 本,而是伴有逐渐的扩充。这种扩充同样局限在传统范围之内:主题仍然是五个,高度抽象是惯例。在我们今天来看,此惯例似乎只有一个重要例外。它与一本书有关,该书是作者 1543 年去世时出版的——我们甚至不清楚其作者是否见到过这部印刷出来的著作。该书题为《天球运行论》(*De revolutionibus orbium coelestium*),作者是波兰 / 德国的教士尼古拉·哥白尼。他希望按照雷吉奥蒙塔努斯的精神来恢复古代天文学知识的纯洁性。除三点以外,他所遵循的正是托勒密《天文学大成》的结构和方法。

在致罗马教皇保罗三世的序言中,哥白尼指出,托勒密关于天体的数学模型如果不是分开来看,而是作为一个整体来考察,那么随着时间的推移,它将显示出"怪物"的特征:其头部、身体、手臂和腿的相互关系会变得扭曲和比例失调。这一缺陷无法通过有限范围内的轻微修正来消除,而是需要一种全面的修正方法。

正如哥白尼所说,这种方法非常迫切,因为托勒密把行星的不规则运动表示成匀速圆周运动所使用的三种辅助工具并不合适。

所谓的"偏心匀速点"（equant）虽然在技术上并不错，但引入它实际上只是一种策略，为的是满足均匀性条件。（此前图西已经提出了这一异议，并借助图西双轮来解决它，哥白尼也运用了这一机制。）哥白尼可能的确坚持了那种通常的信念，即数理天文学的任务是"拯救"现象。但他所拥有的数学辅助工具不再是三种，而是只有两种，如果不使用偏心匀速点，就只剩下了均轮和本轮。也正因为如此，只有通过一种全面的修订，才可能实现哥白尼所追求的原初的纯洁性。

有什么能作为这种修订的出发点呢？在古希腊罗马时代，有一种思想可能适合于此，那就是阿里斯塔克的观念。阿里斯塔克认为，静止于宇宙中心的不是地球，而是太阳。于是哥白尼开始进行这项工作：在阿里斯塔克那里，它还只是一种不确知的观念，现在哥白尼按照托勒密的风格从头到尾对它作了计算。

因此，哥白尼根本不是我们今天看起来的那种革命者。他并不想创造什么新的东西，而只是想借助于古代的工具来恢复旧的东西。其同时代人也是这样看待他和他的工作的。在半个多世纪的时间里，直到1600年左右，情况也没有什么改变。

在《天球运行论》的第二卷至第六卷中，当时的读者看到的都是《天文学大成》中的那种熟悉的模型构造。唯一的不同是偏心匀速点没有了，太阳被置于行星轨道的中心，地球只是一颗行星。此外，哥白尼还使用了一些更为精确的观测。和《天文学大成》一样，《天球运行论》的读者面对的同样是抽象的模型，它们能够预言天体未来的位置，但描述的并不是其实际轨道。如果我们考察一下《天球运行论》第二卷至第六卷的计算，则又会碰到数十个辅助圆(甚至比托勒密那里还多),我们甚至无法想象它们如何可能真实存在。

只是在第一卷中,哥白尼才以高度简化的形式描述了他的模型,就好像每颗行星都均匀地走过一个圆周轨道。他还声称,地球不仅在抽象的模型中是一颗行星,而且实际上就是一颗行星,它每日绕轴自转一次,每年绕静止的太阳运转一次。他深知,人们会指责这种说法非常怪异。由于担心出版后会受人耻笑,他甚至把写好的书稿塞进抽屉几十年。

但他也作了一些论证。他无法由观测推断出这一点,因为没 83 有任何观测表明地球在自转。他必须动用一系列自然哲学的思考(就像以前托勒密那样,当然他也利用了其他思考)。在哥白尼的同时代人看来,这些思考并没有什么说服力,就像事后对我们没有什么说服力一样。对于地球的自转,很容易提出一些无法反驳的反对意见:我们分明看到太阳升起又落下,但感觉不到地球在绕轴自转,否则云和鸟不就落在后面了吗? 哥白尼还以把太阳置于中心可以简化托勒密体系作为证据。这种简化非常有技术性。于是,在托勒密那里显得任意的一些事实,在哥白尼体系中则是必然的。特别是,行星的次序在哥白尼那里可以毫无疑问地确定下来。在他的体系中,由观测数据必然可得:从太阳向外依次是水星和金星。

因此,哥白尼的著作中有一种明显的断裂。第一卷中的简化描述、自然哲学的辩护以及对更强内在关联的难以理解的要求,与第二卷至第六卷中以托勒密风格提出的模型构造很难协调起来。今天,第二卷至第六卷通常会被忽略,所有注意力都集中在看似现代的第一卷。而在 16 世纪下半叶，情况却恰恰相反。数理天文学家们充分利用了编制星表和历书的精致模型所提供的可能性，但他们很少关注或者可以说完全不关心第一卷中的荒谬辩护。直到 1600 年，明确支持哥白尼革新的人也只有 11 个。顺便说一下，这个极小的数字与教会对这个理论的拒斥没有任何关系——从那个角落只是不时传来一些抱怨声。而且，连这么少的接受也有相当的选择性。有些人虽然认为地球在绕轴自转，但他们并不相信地球每年绕太阳运转。对于这 11 个人当中的至少 9 个人来说，这并没有多大意义，更不要说具有决定性的意义了。他们接受了哥白尼的"意见"，但并没有由此推论出其他思想和观点。从当时来看，哥白尼的这本书非常符合我们在本章中所概述的模式：扩充"抽象的－数学的"自然认识方式，同时保持传统的认识结构。我们可以断定，这部技术性的天文学论著中仿佛有一颗定时炸弹在嘀嗒作响。但它是否真的会爆炸，则远没有那么确定。

这便是我们所熟悉的"雅典"和"亚历山大"在欧洲文艺复兴时期的命运。但我们还没有讲它们的复兴和扩充。我们先前在腓特烈二世和马里古的皮埃尔那里看到的例外情况，在君士坦丁堡陷落之后渐渐多了起来。到了 15 世纪中叶，在重新复兴的希腊认识边缘产生了独特的第三种自然认识方式。它在方法上与两种希腊的自然认识方式极为不同。从事这种自然认识的人认为，真理并不能从理智中导出，而是要到精确的观察中去寻找，目的是实现某些实际的目标。

其中一些人主要致力于作出尽可能精确的描述。一个熟悉的例子是安德烈亚斯·维萨留斯，其卓越的解剖图集对人体描绘和描述的精确性可以说前所未有。

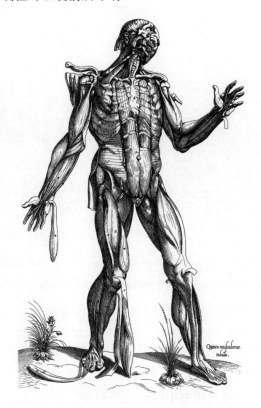

图 2.3　维萨留斯的人体解剖图

　　在许多其他领域，人们也倾向于不立即作出概括，或者基于少量证据建立深刻的理论。首先必须对现象进行耐心细致的描绘。于是便出现了精确绘制的地图集，私人收藏家们编制了最早的博物馆目录。它们涉及各种不同物品的收藏，其拥有者永远在忙活，仿佛要把整个世界都展示在他们的陈列柜中。

图 2.4　费兰特·伊普拉多的博物馆

　　天空也以前所未有的精度得到了描绘。丹麦贵族第谷·布拉赫早在求学时就注意到，有一种特殊的天文现象（木星与土星的会合）出现的时间要比历书中的记载早至少一个月，而且似乎没有人对此持有异议。第谷觉得这样不行。他掌握了天文学，并且最终使丹麦国王为他在厄勒海峡的一个小岛上建造了一个天文台。他亲自发明或大大改进了天文台的观测仪器，并把这个天文台称为"天堡"（Uraniborg）。25 年后，当他不得不离开这个小岛时，他已经把观测的精度提高到了人用肉眼所能达到的极限。他并不赞同哥白尼对宇宙结构的看法。他坚持认为，只有基于他本人日日夜夜辛勤观测所获得的大量数据，才可能建立一种关于宇宙结构和行星运动不规则性的最可靠的理论。

在其他领域，精确描述也很盛行。在德国，奥托·布伦菲尔斯、希罗尼穆斯·博克和莱昂哈特·福克斯等三位学者先后出版了配有精确植物插图的草药书，并对植物的外观和性质作了详细描述。而在葡萄牙在印度的殖民地果阿（Goa），药剂师加西亚·达·奥尔塔也写出了一部草药书（1563 年）。这项工作的实际目的很清楚：主要是对被赋予药效——无论对错——的草药作出描述。

某些情况下，实际目的甚至是第一位的。数学的作用在历史上第一次展现了出来。一个典型的例子是线性透视。意大利文艺复兴时期的画家越来越希望摆脱那种拜占庭式的静态表现方式，而想采用一种更加自然和写实的绘画形式。为此，他们发展出了透视法，呼吁几何学家帮助他们按照所需的精度画出灭点和连接线。

由此所需的几何学实际上已经准备好了。新东西仅仅在于，现在研究几何学不再是为了它自身。在火炮、防御工事和地球定位等方面，数学家们也在贡献力量。在荷兰，西蒙·斯台文甚至想用其数学知识来提高风磨的效能。然而，无论有多么深思熟虑，他的尝试还是没有成功。他的多项改进被荷兰国会授予专利，但实际上，恰恰是他通过计算而得到的那些改进没有什么用处。大多数情况都是这样。只有在透视法、防御工事和航海等方面，数学技巧的应用才发挥了作用。工匠们通常会依赖于实用的经验法则，而不需要运用某种理论。要想实现以数学为基础的现代技术，此时取得的进步仍然太过偶然和随意。

图 2.5   丢勒以线性透视法作画的辅助工具

"取一块用精致的细线编织成的任意颜色的布料在一个框上拉紧，用较粗的线将其分成任意数量的平行四边形。现在把这块布料置于眼睛与所要描绘的物体之间，使视觉金字塔穿透这块布料"。①

不仅像斯台文这样的数学家在寻求一种能够带来实际用处的自然认识方式，在技艺领域也有这样一些人，尤其是那些发明或改进仪器的极具创造性的设计者。列奥纳多·达·芬奇便是完美的例子。他既是追求写实的画家，同时也是自然研究者和精通机械制造的工匠。其独特之处在于，所有这些技能在他身上相得益彰。他详细研究和记录了鸟类的肌肉和肌腱如何附着在骨头上，然后用滑轮组来模仿鸟类，以使人能够飞起来。

达·芬奇肯定做过飞行试验，其结果可以预见。此外，他还研

---

① Leon Battista Alberti, Das Standbild. Die Malkunst. Grundlagen der Malerei, hg., eingeleitet, übersetzt und kommentiert von Oskar Batschmann und Christoph Schäublin unter Mitarbeit von Kristina Patz, Darmstadt 2000, s. 249. 丢勒的木版画题为"Der Zeichner des liegenden weibes"（um 1525), in: Albrecht Dürer, "Unterweisung der Messung", 3. Ausgabe 1538。

究过机械工具如何才能起到最好的效果。他认识到必须最大限度地减小摩擦，并做试验研究摩擦取决于哪些因素。他发现，物体相互接触的表面的大小并不重要，摩擦随着负载的增加而成正比地增加。

89

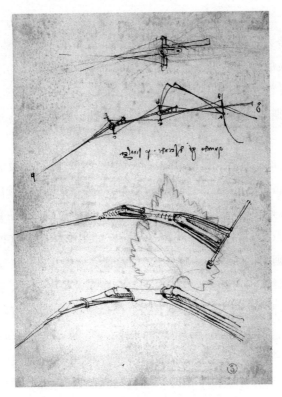

图 2.6 达·芬奇对鸟类飞翔的研究

下方是对鸟类收张翅膀所凭借的肌腱的两幅素描。上方两幅草图描绘的是如何借助滑轮组来模仿它。和往常一样，达·芬奇在图上用镜像书写法写了文字："quando g discende p sinalza"（当 g 下降时，p 上升）。

最后，有许多以实用为目的的自然研究为魔法所渗透。这尤其表现在帕拉塞尔苏斯的工作中。他真名叫特奥弗拉斯图斯·波姆巴斯图斯·冯·霍恩海姆，是个炼金术士，固执地极力鼓吹与古典作家彻底决裂。他继续寻求"炼金药"（elixier），那是一种能把金属催"熟"的东西，亦可使人延年益寿。在伊斯兰文明中也曾有过这种努力。帕拉塞尔苏斯使用了同样的技术：燃烧、蒸馏等等。描述伟大的炼金术工作所使用的隐喻——金属和灵魂的净化虽然显得同样深奥，但却并非来自《古兰经》，而是来自于《圣经》。不过，与伊斯兰文明相比，帕拉塞尔苏斯及其追随者将所有这些更深地嵌入了一个被详细描述的魔法世界当中。

当时的人们区分了恶的黑魔法和可以容许的自然魔法。后者认为，宇宙中充斥着"隐秘的"力量，这些力量无法知觉到，但使用正确的咒语可以探知和加以利用。根据这种观点，宇宙是一个网络，万事万物以神秘的方式相互协调。如果物体拥有这种内在的一致性，则它们将表现为相互吸引，否则就会相互排斥。宇宙不仅是一个网络，而且也有灵魂，根据帕拉塞尔苏斯的说法，宇宙还是一个化学实验室。通过与神圣的三位一体相类比，所有物质均由三种基本本原所构成：硫（可燃的）、汞（可熔的）和盐（坚固的）。宇宙反映于每一个人当中，因此在我们内部也小规模地发生着同样的过程。当三种本原平衡时，我们就健康，如果生病，帕拉塞尔苏斯及其追随者就会用矿物药剂帮助我们重新恢复平衡。化学与炼金术几乎完全重叠，从事它们的人都是药剂师或医生。由于这种医疗定位，整个领域被称为"医疗化学"（iatrochemie）。

人文主义者致力于重新发现并最终扩充了雅典的自然哲学或

"亚历山大的－数学的"自然认识，但这"第三种"自然认识方式与古典时期的关系完全不同于人文主义者，这种自然认识方式仿佛是在欧洲文艺复兴时期凭空发展出来。很多人激烈反对所有古典学术（尽管他们往往并没有意识到自己与它的关系）。比如人文主义者彼得·拉穆斯轻蔑地拒斥了欧几里得的数学：真正的数学往往见诸于街道和市场的实用计算。陶工伯纳德·帕利西收集化石，并且认识到这些是动物化石，他在宣传其自然物收藏时说，经验永远是技艺的女主人。参观他的收藏两个小时，学到的东西将超过学习古代文本 40 年。帕拉塞尔苏斯不只是拒斥，他还在其家乡巴塞尔当众焚烧了一部权威的医学教科书，从而引起了公愤。

显然，沿着这条道路追求自然认识的人通常并非自然哲学家和数学家。正如"雅典"和"亚历山大"一直是分离的，彼此没有交流（虽然有互相争论，但并没有任何建设性的对话），它们与"第三种"自然认识方式之间也存在着一堵密不透风的隔墙。

对于这种截然分离的一般规则，也有两个明显的例外。其中一个是葡萄牙人人文主义者和探险家若昂·德·卡斯特罗，他的工作不仅是"雅典的"，而且也是经验的和实际的。他在 1538 年左右写了一部论著，内容与"中世纪的－亚里士多德主义的"无数例子并没有什么区别，他只是根据其同胞的探险之旅作了一些纠正。还顺便批评了亚里士多德的断言，即地球上的陆地比海洋多。但他本人在往返印度途中所记录的航海日记则洋溢着一种完全不同的精神。这里我们找不到对流传下来的真理的教条式呈现，而只有不带偏见的观察。卡斯特罗这里并非表现为哲学家，而是表现为经验主义者，他试图在变化无常的不可预测性中来把握现象。航海所依赖的风和水等重要因素的情况怎么样？在看不到海岸时如何用辅助工具来确定航线？他曾向埃塞俄比亚的部落首领问及尼罗河的发源地。他注意到指南针有奇怪的偏差，并将其归结为种种原因，直到最后发现附近的铁制物体会对磁针造成严重干扰。在作系统测量时，他并不满足于第一个最好的结果，而是会在保持怀疑的情况下重复作同样的测量。这位未来的葡萄牙印度总督并不拒绝让水手甚至是勤杂工负责观察星象，他会像对待自己的一样认真对待他们的测量结果。

在文艺复兴时期繁荣起来的三种特殊的自然认识方式彼此截然分离，这条规则还有另一个明显的例外。一些亚里士多德学派的人文主义者看到，在亚里士多德主义丧失了中世纪的垄断地位后，不仅需要净化文本，而且要使教育适应新的时代。他们努力把亚里士多德的学说沿着它现在面对的两个竞争者的方向进行扩充，即亚历山大学派和"经验的－实践的"学派。

在尝试作上述扩充时，魔法方面是主要的。一些学者试图把天地之间隐秘的力和使之能起作用的隐秘一致性等核心思想纳入亚里士多德的实体形式学说之中。于是，哲学家兼医生的让·费内尔主张，在隐秘的力的影响下，我们身体的形式和本质会被某些病原体损害。他认为癫痫或瘟疫的蔓延不能像通常那样解释成我们身体中体液和矿物的失衡。根据他的说法，实际情况是身体的本质形式受到了攻击。这位坚定的亚里士多德主义哲学家通过经验方式耐心地检验各种药物的效果。

耶稣会的早期成员克里斯托夫·克拉维乌斯也试图以类

似的方式来对待这一竞争，而不必破坏他自己的"雅典"认识结
构。他为亚里士多德的学说开启了另一种亚历山大方向。克拉
维斯出版了拉丁文版欧几里得的《几何原本》，在其中，他把严
格的数学证明形式与亚里士多德的推理方法等同起来。某种
程度上可以说，他独自建立了一个被称为"混合数学"（mixed
mathematics）的中间领域，使得计算与亚里士多德的解释可以在
其中紧密相联。因此，他比中世纪的计算者走得更远。无论是日
晷、日历、行星轨道，还是关于光和视觉的理论，一切在经验中发
生的、可以发现定量方面的事物，克拉维乌斯都会作数学的或几
何的、同时在哲学上可以接受的处理。特别是，1582 年由罗马教
皇格里高利十三世颁布的格里高利历（它导致日期跳过了 10 天）
使克拉维乌斯的名字不会被遗忘。他是这一历法改革的主要制
定者之一。

　　由于克拉维乌斯在 16 世纪中叶对亚里士多德的学说作了量
上的扩充，导致他在耶稣会内部被孤立。他请求把混合数学列入
固定的教育计划，但应者寥寥。然而，到他 1612 年去世时，情况
已经有所不同。此时，不仅混合数学成了课程的一部分，在最重要
的耶稣会大学罗马学院（Collegio Romano），他周围还聚集了一
批主要研究天文学的神父。他和几位年轻同事带着几分同情和对
思想亲缘关系的错觉，对两位明显以"亚历山大"为导向的作者在
17 世纪初向学术界展示的革新表示欢迎。这两个人的名字我们
在本书中将会经常遇到，他们就是约翰内斯·开普勒和伽利略·伽
利莱。

1600 年的趋势观察员：三种移植的比较

现在我们已经来到了一个时间点，这时（我们今天知道，但当时没有人能够猜到）一场革命即将爆发。

94　　"革命"？为什么是"革命"？今天的科学史家们难道不是几乎一致认为，我们前人所谓的"科学革命"其实根本不是革命，而是一个没有明显停顿和断裂的渐进过程吗？著名科学史学家史蒂文·夏平的一种观点甚至应者如云，他语带嘲讽地提到这些前人宣称"实际存在着一个连贯的、剧变的、震撼人心的事件，它使人类的知识发生了根本的不可逆转的改变"[1]。根据他的说法，如果作更为细致的考察，17 世纪的自然认识便会消解为"各种不同的文化实践"[2]。这种非此即彼以及形容词的选择非常典型：无论现代科学是作为一个连贯的整体在一次突然的剧烈爆发（剧变＝突然爆发）中产生的，还是 17 世纪的自然认识与之前之后一样是个别事件的任意积聚，为了能够更好地理解，我们最好不要把它与今天的自然科学中所发生的事情联系起来。

在修辞暴力如此严重的情况下，我们迫切需要尽可能以经验的方式找到一条中间道路，而不致陷入反修辞。革命的一个本质特征是，它只是事后看来才是如此。1989 年柏林墙倒塌——没有

---

[1]　Steven Shapin, *The Scientific Revolution* (University of Chicago Press, 1996), p. 1.

[2]　Ibid., p. 3.

人预见到它会发生,至多有一种模糊的感觉,即共产主义政权也不一定永远持续下去。即使在 1988 年,也没有新闻记者或新闻主播预示过苏联解体即将到来。现在所谈的事件发生在很久以前,但我们可以使用一个计策。让我们想象,在 16 世纪末有一位负责科学政策的欧洲特派员。现在,时值世纪更迭之际,他委托一位友好的科学记者写一份报告。这位欧洲的特派员对其资助的分配并非随意。那位记者需要对之前的派别进行比较,勾画当前占主导地位的趋势,最后以此为基础对未来作出预测。这对于未来学家是常事:他们对现有的趋势进行外推。我们的记者并不知道 1600 年以后事情会如何发展,他只能依靠自己对过去探求自然认识的方式的了解。(事实上,他的了解必定非常有限,因为到了 1600 年,中世纪已经基本上不为人知,欧洲人也不怎么了解伊斯兰世界的相关活动。)因此,他的虚构报告为我们提供了一种标准,我们虽然无法用它来确定发展是否是连续的,但我们可以认识到,连续性在多大程度上起主导作用,我们在多大程度上能够谈及一种或多或少彻底的决裂。他由观察趋势所作的预言与 1600 年以后的实际情况符合得越精确,就越没有理由把 1600 年左右在自然认识领域发生的事情称为一场真正的革命。

接下来是他的报告。他的风格虽然不像当时流行的那样华丽,但也不像今天的报告这样官僚。

希腊自然认识在过去的繁荣导向了一个黄金时代。我想问的第一个问题是,我们现在是否也能这么说。

我所谓的"黄金时代"指的是"伟大的创造性天才层出不

穷"。于是立即可以给出回答。一个半世纪以来，"亚历山大"
的遗产被雷吉奥蒙塔努斯、哥白尼、斯台文那样的学者所复
兴，"雅典"的遗产被克拉维乌斯和费内尔那样的学者所复兴，
我们用什么说法才更适合刻画这一时期的特点呢？此外，
达·芬奇、维萨留斯、第谷、帕拉塞尔苏斯和卡斯特罗等注重
实践的学者和有学问的实践者建立了一种新的自然认识方
式，主要致力于精确的观察。还有许多人我没有提及，在过去
的一个半世纪里，他们从事自然认识的水平并不亚于刚才提
到的那 10 位学者。1600 年即将到来，在这里我们划一条线，
我确定，我们同样有理由声称文艺复兴时期的欧洲有一个自
然认识的黄金时代，就像在希腊、伊斯兰文明和中世纪的欧洲
那里一样。

　　这种比较在多大程度上是正确的？我们可以借助同样的
繁荣对未来作出预测吗？对此是否能有一些无懈可击的说
法？也许列一张表不无裨益，在此表中我处理了当前的繁荣。

表 2.3

96

	希腊	伊斯兰文明	中世纪欧洲	文艺复兴时期的欧洲
繁荣	创造+（数学上的）转变	翻译 → 扩充	翻译→亚里士多德主义扩充	翻译 → 扩充：同时出现了一种经验的－实践的自然认识方式

续表

	希腊	伊斯兰文明	中世纪欧洲	文艺复兴时期的欧洲
黄金时代	从柏拉图到希帕克斯	从金迪到伊本·西纳＋比鲁尼＋伊本·海塞姆	从大阿尔伯特到奥雷姆	从雷吉奥蒙塔努斯到克拉维乌斯＋斯台文
衰落	约公元前150年	约公元1050年	约公元1380年	???
1. 为什么?	事件的正常进程	事件的正常进程	事件的正常进程	事件的正常进程
2. 为什么是这时?	怀疑论危机? 赞助终止?	入侵 → 内转	创造了扩充的可能性	—
3. 后果	急剧衰落,持续,长时间处于低水平	急剧衰落,持续;局部性、区域性地回到更高水平	急剧衰落,持续;没有逆转	—
表现为	编纂,评注,调和	评注	评注	—
后开的花	托勒密、丢番图、普罗克洛斯、菲洛波诺斯	图西、伊本·沙提尔、伊本·鲁世德(阿威罗伊)	无	—

97

在此表中我记录了一个重要因素,由它可以预见到未来的发展情况。对于所有前三种情况,黄金时代之后都是急剧衰落。这是事件的正常进程,不需要作特殊解释。因此,我敢说,我们文艺复兴时期自然认识的黄金时代也几乎可以肯定会以这种方式结束。

更为棘手的问题仍然是:是否可以更详细地说明这一衰落的时间以及它将如何进行?

让我们更仔细地考察一下表中的三次移植。我们必须把迄今为止在头脑中闪过的所有历史事实包括进去。值得注意的是,中世纪的模式有显著差异。与另外两种情况不同,欧洲中世纪的移植局限于"雅典",甚至只限于雅典的一个学派,即亚里士多德学派。这种片面性引起的后果非常深远。文化移植所提供的发展机遇被大大削弱。其结果是,发展陷入停滞,只是一味地作徒劳无功的模仿,而没有为后来的繁荣留出更多空间。

但另外两次移植之间却存在着我们在本报告中特别需要

98
拥有的一致性。和伊斯兰文明一样,今天文艺复兴时期的欧洲也发生着广泛的复兴。其扩充形式简直如出一辙:人们按照希腊模式充满想象地继续加工,对于许多发现,我们(如果不是已经知道的话)弄不清它们是在伊斯兰世界还是在我们这里作出的。此外,在希腊自然认识的边缘所从事的一些研究与各自的文化密切联系在一起。

由这张表还可以看到另一种完全不同的一致性。在伊斯兰文明中,随黄金时代结束而产生的急剧衰落并非持久不变,后来产生了某种逆转。自然认识在三个区域重新复兴：蒙古人统治下的波斯，柏柏尔人统治下的安达卢西亚以及奥斯曼土耳其人统治下的伊斯坦布尔及周边地区。在所有这三个区域，人们都以数百年前的黄金时代为导向。从事自然认识仍然意味着：为当时的伟人们写评注。虽然偶尔会出现像图西那样水平堪比黄金时代的杰出人物，但以过去为导向终会导致原地兜圈子。1453 年，藏在拜占庭的修道院和皇宫中的原始文本公诸于世，此事在意大利掀起了一个翻译浪潮，但并非在伊斯坦布尔／君士坦丁堡。直到今天，奥斯曼帝国的自然认识仍然在以其从事者所认为的阿拔斯王朝的黄金时代为导向。

　　这种原地兜圈子以及这个圈子的大小都与自然认识在中世纪欧洲的繁荣很相像。完全不同的原因——片面的移植——引出了完全相同的结果，即一直陷入自己的思想传统无法自拔。这两种情况都有充满希望的开端，比如对于地球可能作的每日自转的推测。奥雷姆漫不经心地提出了这种想法，古什吉甚至排除了所有可能阻碍这一想法的考虑。但他们都没有继续走下去。在这两种情况下，移植最终停滞不前。和中国的情况一样（尽管那里没有出现任何形式的移植），其发展陷入了一个"辉煌的死胡同"。

　　伊斯兰文明中最初的繁荣以及过去一个半世纪以来我们文明中新的繁荣则是另外一种情况。就像在彼时彼地一样，我们在这里看到人们正在热情地探索整个希腊自然认识传统所带来的可能性。尊敬的特派员先生，由此我将回到您问题

99

的核心。关于自然认识在接下来若干年里的发展情况,伊斯兰文明中自然认识的繁荣时代(可以与我们的 1600 年进行很好的比较)可以教给我们什么呢?

我的总体答复如下:这一发展迟早会失去动力,陷入急剧衰落。至于到底是什么时候? 对此还没有合理的说法。还会有灾难性的入侵吗? 当然您也知道,奥斯曼帝国长期统治着巴尔干地区,维也纳继续受到威胁。但这并不表明意大利、法国南部和德国南部的那些伟大的文化中心会被一举占领。在我看来,考察一下内容上的发展更有意义。为此,我们需要作更进一步的区分。

首先来看"亚历山大"。在这一领域的扩充进行得太过热情,以至于不可能持续很长时间。它还能朝哪个方向发展? 平衡状态、光线、音程和行星轨道仍然是亚里士多德和托勒密传统的学者们所研究的仅有的自然现象,而且这些研究始终是以那种抽象方式进行的。尽管不时会有新的定理和补充证明冒出来,但这里大概不能指望出现更多的东西。我谨慎地辨别了有哪些充满希望和天赋的年轻人。关于这一点,我请您注意格拉茨的一位年轻教师和帕多瓦的一位很有前途的数学教授。前者名叫约翰内斯·开普勒,他刚刚(1596 年)出版了一本书,该书把纯粹的数学和无羁的想象奇特地结合在一起,他相信自己已经最终破译了宇宙的结构和安排。另一个人名叫伽利略·伽利莱,他在 1592 年离开比萨大学时留下了一部未完成的书稿。在其中,他徒劳地尝试像阿基米德处理杠杆那样处理物体在开始下落时的加速。这两本书是两个才华横溢的年轻人雄心勃勃的尝试，他们的失败恰恰再次表明亚历山大的思想资源中已经不再有更多的潜力。我毫不怀疑，这个学派很快就会衰落下去。

"雅典"的情况似乎有一点不同，但并不是非常不同。特别是所有那些"教条的-思辨性的"思想体系的复兴！真是永远在重复啊！它在古希腊已经导致了哲学辩论。公众甚至是参与者很可能不用多久就会对此感到厌倦。的确，即使在"雅典"阵营，也有人尝试沿着"经验的-实践的"魔法（费内尔）和数学（克拉维乌斯）的方向来拓展亚里士多德的学说，而且不无成功。在内容上也有一些很好的发展机会。尊敬的委托人，如果您要拨款，我建议给这两项事业提供适量的启动资金作为支持。

与此同时，还有另外一种非常不同的发展，我们对它还能有某种期待。我想到的是所有那些从事"第三种"自然认识方式的人，他们不是希腊式的理智主义者，而是注重精确的观察和实际应用。他们并不像那些"亚历山大"以及大多数"雅典"同行，打算重新建立一个所谓理想的过去。他们几乎完全面向未来，用方言而不是拉丁语来写作书籍，并且自豪地在其著作标题中使用"新"这个词——我顺带提及一本关于美国药用植物的西班牙文著作，其英译本标题为"*Joyfull Newes Out of the Newe Found World*"（来自新世界的好消息）。这里我感觉到了一种动力，一种对进步的追求，它与社会最有活力的部分即航运和海外贸易密切联系在一起。所有迹象都表明，这种追求仍将持续存在。如果期望自然认识接下来能够进一步蓬勃发展，那么肯定是在这里。

  尊敬的特派员先生，综上所述，考虑到目前的趋势，最明智的做法是给这"第三种"自然认识方式投资。从事它的人最需要钱，他们必须走出去，进入广阔的世界中，他们需要仪器来尽可能准确地作出观察。他们不像其同行那样满足于阅读古代文本，在教室里对其作评注，或者手拿圆规和直尺，在其书斋里研究深奥的数学。

这份建议很明确。报告人可能会满意于自己没有用动听的陈词滥调把这件差事打发掉。

  然而事实上，趋势观察员很少会作出一个如此合理的预测，竟然很快就被证明是极为错误的。

第三章　三种革命性转变

　　1600年左右，科学革命爆发。更准确地说，在之前的一个半世纪里繁荣发展的所有三种自然认识方式，都发生了一种革命性的转变。但科学革命的一大悖论是，发生激进而深刻转变的恰恰是在1600年之前最以过去为导向的那种自然认识方式。我们的趋势观察员完全没有料到，"亚历山大"绝非气数将尽，而是正在发展成一种近乎全新的自然认识方式的核心，我们把它简称为"亚历山大加"（Alexandria-plus）。促成这种革命性转变的正是几年前勇敢但徒劳地尝试进一步发展"亚历山大"的那两位研究者：开普勒和伽利略。这两个人现在突然引爆了隐藏在哥白尼著作中一个半世纪之久的炸药。

开普勒与伽利略：从"亚历山大"到"亚历山大加"

　　开普勒和伽利略从未谋面。其中一位生活在哈布斯堡王朝统治下的奥匈帝国（格拉茨、林茨、布拉格），另一位则生活在意大利（比萨、帕多瓦、佛罗伦萨）。他们之间曾有过通信，开普勒渴望把通信继续下去，而伽利略却并不积极，只有一次是他突然迫切要求开普勒进行通信的。他们不仅性格不同，工作方式和关注的主要问题也有所不同。其共同之处在于，两人都才智超群，都迫切需要在数学与实在之间建立更加紧密的关联。开普勒的这种需要来自于托勒密，托勒密曾以自己的方式作过努力。开普勒之所以感到如此紧迫，是因为他相信地球实际上是一颗行星，每天的确绕轴自转和每年绕太阳公转，就像半个世纪以前哥白尼在《天球运行论》的第一卷中所指出的那样。但在哥白尼那里，此观点虽然得到了论证支持，但实际上并不能与他仿照托勒密的《天文学大成》在第二卷至第六卷中详细给出的模型相容。但开普勒和伽利略都以各自的方式找到了一种方法，能够从哥白尼的许多不一致之中剥离出真理的内核。他们意识到，这些不一致不仅与亚里士多德的学说密切相关，而且也与自然哲学本身密切相关——自然哲学并没有使他们害怕，而是非常吸引他们，特别是伽利略。

开普勒主要关注技术天文学方面。他想出了一个既简单又精确的宇宙模型。他没有像哥白尼那样在模型中引入 50 多个辅助圆（本轮），以使预测与观测到的行星位置相符合，而是可以只用简单的轨道，预测的精度反倒没有降低。与开普勒不同，伽利略对构造天文学模型的无数细节并不感兴趣。其核心工作是关于运动本性的新观念。由此他得以解决重力加速问题，起初是为了他自己，但后来也可以驳斥半个世纪以来针对哥白尼体系的许多反对意见，特别是自然哲学方面的反对意见。

以下概述并不是要使读者产生一种印象，好像这两个人没有经历挫折就轻而易举地实现了自己的目标。他们最初的尝试都走

向了死胡同,我们的趋势观察员认为这表明"亚历山大"几乎已经 104
到了发展潜力的极限。没有人预见到两人最初的失败会激励他们
走上新的道路,实现其矢志不渝的目标。当然,在此过程中,他们
一次又一次误入歧途,只有在目标实现之后这些歧途才能被认识
到。开普勒在其最重要的著作中详细记录了他所走的错误道路。
而在伽利略那里,它们最多只能由留下的笔记重构出来。不过,这
里我把两人走过的弯路隐去不讲。我认为开始时应当把这两个人
实现的伟大革新简要展示出来,然后再试图给出解释。两人的起
点是已知的:亚历山大人从事的数学自然认识的第三个黄金时代。
我们想知道他们在职业生涯的尽头距离该起点有多远:他们分别
于 1630 年和 1642 年给出的东西与前人的方法和结果有何关系?
要想回答这个问题,我们可以只考察他们努力的成果。我们应当
按照当时的样子来看待这些成果,而不要被后来者的修正和澄清
所歪曲。尽管如此,我们在这样看待其成果时,通往这些成果的道
路仿佛是笔直的,而不是科学史家在过去四分之三个世纪中所确
定的蜿蜒曲折的道路。

在后人看来,开普勒最重要的著作是《新天文学》(*Astronomia Nova*, 1609 年)。这部著作的副标题言简意赅地表述了开普勒为
通常的数学自然认识方式所带来的革命。此标题可译为:

基于原因的新天文学或天界物理学,根据贵族第谷·布
拉赫的观测,通过对火星运动的评注而给出。奉神圣罗马帝
国皇帝鲁道夫二世之命并受其资助,由神圣皇帝陛下的数学
家约翰内斯·开普勒在布拉格通过多年坚持不懈的研究而

写成。[①]

因此，开普勒的新天文学是一种"天界物理学"。这看似一个清白无辜的概念，但实际上并非如此。当时，"物理学"实际上与自然哲学同义，代表"雅典"研究自然现象的方法。但它要在数理天文学领域寻找什么东西？"在努力尝试用物理学理由来证明哥白尼的假设的过程中，开普勒引入了一些奇特的思辨，与其说它们与天文学有关，倒不如说与物理学有关"，[②]他的一位博学的同行彼得·克吕格在此书问世 13 年后这样写道。克吕格可以只承认《天文学大成》的方法，至于它所使用的辅助圆在现实中是否可以想象，这在他看来是无关紧要的。而在开普勒手中，整个"物理学"概念的含义开始朝着我们今天所理解的方向转变。在《新天文学》中，开普勒通过两种方式对哥白尼模型作了他所追求的简化。他充分利用了第谷·布拉赫的观测结果，这是在第谷去世前不久，他作为第谷的最后一位助手与之合作的结果。克吕格惊讶地发现，开普勒把数学论证与物理学的"因果推理"结合在了一起。在这种情况下，物理学主要涉及对一种作用力的考察，正是这种力把我们的地球和其他行星维持在绕太阳运转的轨道上。

根据开普勒最终的计算和"因果推理"，太阳系的外观如下：

1. 所有六颗行星沿椭圆轨道围绕静止的太阳运转，太阳位于

---

① Johannes Kepler, *Gesammelte Werke. Band III. Astronomia Nova*, ed. Max Caspar, München 1937, p. 5.

② Peter Crüger to Phillip Müller, 1 July 1622; in Johannes Kepler, *Gesammelte Werke* XVIII, p. 92.

椭圆的一个焦点上。

2. 圆轨道之所以会成为略为扁平的椭圆轨道，是因为太阳发出了一种磁作用，它在轨道的某一段吸引行星，在另一段排斥行星。

3. 太阳通过其旋转会施加一种力拖动每一颗行星，就像轮毂拖动辐条一样。

4. 太阳到行星的连线在相同时间内扫过相等的面积。

5. 任意两颗行星轨道周期的平方之比等于它们与太阳的平均距离的立方之比。

其中的 1、4、5 即为今天所谓的开普勒三定律。前两条是《新天文学》中提出的，第三条则是开普勒在 1619 年发现的。其全部意义只有在半个世纪之后牛顿发现万有引力时才能得到揭示。由这一发现引出的力的作用与开普勒在 2 和 3 中的假定非常不同。但无论是否得到确证，1 至 5 作为一个整体意味着与天文学传统乃至整个数学自然认识传统的彻底决裂。它甚至根本不同于托勒密为了在数学的自然认识与实在之间建立更加紧密的联系而作的各种努力。所有辅助圆都从模型中消除了，与均匀运动相关的各种复杂性被代之以简单的面积定律 4。开普勒的太阳系是一个清晰的整体，自然实在的性质第一次以数学定律的方式得到了明确表述。

不过，我们不应把开普勒说得太过现代。对开普勒而言，其数学定律所适用的实在不仅仅是一种力的作用意义上的物理的东西。它在本性上首先是和谐的。开普勒相信，上帝创造世界乃是基于某些"构造世界的比例"——这与协和音程的情况相符。开普勒始终认为其著作的王冠是《世界的和谐》(*Harmonice Mundi*,1619 年)。在这本书中,他首先对这些比例作了一种几何推导,然后表明了上帝如何把这些比例运用于音乐、行星与地球所成的角度(开普勒的占星学变种)以及行星的运行速度(于是发现了第三定律,即规则 5)。最后,他试图表明,如果认真计算一下上帝的创世设计,就会发现我们的太阳系只可能是现在这个样子。无法想象数学与实在之间还能有更紧密的联系:数学为现实所具有的似乎无限的可能性设置了严格限制。

107　　　然而,抽象得出的假设必须得到检验。1601 年,第谷·布拉赫逝世,开普勒接替他担任鲁道夫二世的宫廷数学家,他有机会看到第谷留下的极为精确的观测数据。人们有时会认为,开普勒先是把行星的不同位置在纸上标绘下来,然后用线连起来,从而发现了行星轨道是椭圆形。然而,他不会这么没有创意,也根本没有能力这样做。开普勒用了很多年,才借助于当时最先进的数学——有时甚至必须亲自去发展——发现了行星轨道的性质,并且认识到轨道是椭圆。但他必须解决的概念问题甚至更加困难。首先,他必须摆脱两千年以来的陈旧观念,即行星轨道必须是圆周轨道的组合,他还必须对行星角速度的非均匀性作出解释(由此他发现了面积定律)。不过,第谷·布拉赫的观测数据对他很有帮助,特别是,它们可以充当最终的检验。例如,开普勒曾经基于大量观测数据提出过一个假说,而且已经计算了一年,但在使用一项从未用过的观测进行检验之后,他毅然放弃了这个假说。这一著名案例的特别之处在于,这项观测本来似乎极好地证实了那个假说,至少在对托勒密和哥白尼均适用的旧误差范围——大约 10 弧分(1 弧分是 1 弧度的 1/60，从而是一个圆的 1/21600）——之内是如此。但第谷·布拉赫的观测已经达到了极高的精度，可接受的最高偏差只有 2 弧分，所以开普勒必须因为他本人所确认的 8 弧分偏差而抛弃自己的假说。或者说，他并非"必须"这样做，也没有人指望他这样做，但正因为他这样做了，他才在自然研究中引入了某些全新的东西：用经验检验来最终决定某种思想构造是否与实在相符合。

这里我们同样不应把开普勒的思想描述得比实际情况更现代。对他而言，椭圆轨道——无论他对这一发现如何自豪——最终还是次要的，真正重要的是"世界的和谐"。倘若开普勒在《世界的和谐》中对导出的规律性与经验数据的偏差稍不在意，情况就会十分危险。他利用各种复杂的特设性（*ad hoc*）论证，在《世界的和谐》中挽狂澜于既倒，成功地保住了上帝的和谐创世。

然而，开普勒的科学生涯随着《鲁道夫星表》（*Rudolphine Tables*）的出版而终止了。在其中，他对第谷的观测数据作了系统整理，使之成为天文计算、天文表和历法的基础。他在进行解释时提到了自己许多新的洞见，从而使下一代研究者能够把开普勒三定律与成问题的"物理学"和太过玄想的"世界的和谐"分离开来。

伽利略在与热情的开普勒通信时之所以不够积极，可能正是因为开普勒成问题的物理学以及关于世界和谐的玄想。与《世界的和谐》中的开普勒不同，但与"亚历山大"传统相一致，伽利略更感兴趣的是个别现象，而不是其最终的关联。开普勒关于太阳发出的力将行星维持在轨道上的说法（2.），乃是基于一种被普遍接受的观念，即运动只有通过一种力的作用才能维持。但伽利略已

108

经从这种观念中摆脱出来。其最伟大的成就便是发展出了一种似乎与日常观察相违背的全新的运动观念。

1592 年,当伽利略从比萨大学转到帕多瓦大学担任薪酬更高的教授一职时,他还没有走那么远。他在帕多瓦度过了 18 年,直到担任托斯卡纳大公的宫廷数学家,这是他一生中最具创造力的时期。那时获得的认识他直到晚年才在两本书中表述出来,其中一本是用意大利语写的,另一本则兼用意大利语和拉丁语写成。第一本于 1632 年出版,名为《关于托勒密和哥白尼两大世界体系的对话》。这本书导致了对伽利略声名狼藉的审讯,我们将在下一章中谈到它。由于审讯之后,伽利略不再能够在自己的国家出版著作,所以他的最后一本书直到 1638 年才由爱思唯尔(Elsevier)出版社在莱顿出版,其标题为《关于两门新科学的谈话和数学证明》。根据其意大利文标题,一般把这两本书简称为《对话》(*Dialogo*)和《谈话》(*Discorsi*)。两者都分为四"天"的对话,在此期间,其主要人物一直在威尼斯运河的小船上进行学术讨论。

在《对话》中的第二天,伽利略提出了这样一种观念,即物体一旦运动,就倾向于保持这种运动。而我们所观察到的情况则恰恰相反:一块抛出或踢开的石头很快就会重归静止。但伽利略解释说,在理想条件下,石头将永远继续运动下去。假如消除一切阻碍因素,我们就会发现,它将不会停止下来。这些阻碍是空气阻力和表面摩擦造成的。(对于自行车或汽车,我们说空气阻力和滚动阻力。)如果没有这些阻碍因素,运动就永远不会停止。设想让一个象牙弹子球在大理石地面上滚动,则我们将会看到,虽然由于这种安排只是对理想条件的趋近,小球最终仍然停了下来,但它毕竟运动了相当长的时间。

这里重要的是,伽利略区分了三种实在层面:日常的、理想的、居间的实验的。

我们必须从日常经验层面的实在开始。任何自然哲学都试图从某些第一原理出发来解释日常实在。在所有自然哲学家当中,亚里士多德最为深入地探讨了到底什么是运动。他所说的无非是我们从日常经验中获得的东西,只不过将它们纳入了其哲学的解释框架。在他看来,运动是变化的四种表现形式之一,是处于运动物体本身之中的目标的实现。一个物体是否运动以及如何运动,与其他物体的行为无关。每一种运动都是独立的,一个物体不可能同时作两种运动。如果有力作用于物体并使之发动,物体就会运动,如果这个力停止作用,物体就停止下来(比如马不拉车时,车就停止)。

伽利略当然也不否认,我们的日常知觉与所有这些大体相符。但在"理想的"实在层面,情况却完全不同。它是阿基米德和其他亚历山大人的实在层面,在这个层面上,所有干扰情况均已被抽象掉,或者说在思想中被排除掉。没有空气和摩擦表面对理想运动构成阻碍。因此,这种现象不是发生在我们日常经验的物理空间,而是发生在一个理想的几何空间之中,我们能够思想它,甚至接近它,但永远不能实现它。在这个想象出来的空间中,物体的运动并非指向一个目标。该物体只是相对于在此空间中运动或静止的其他物体在运动。(考虑我们所熟知的一种现象:两列火车并排停在车站,其中一列慢慢启动,起初我们并不知道行驶的火车是自己那一列还是另一列。)这样看来,没有理由认为物体不能同时作多种运动。

简而言之,伽利略在《对话》中发表了一系列与运动密切相关的说法,它们并不符合日常经验,而只适用于一种理想的数学实在。于是我们要问,这些说法对我们到底有什么意义?

对于这个问题,我们可以给出一种一般回答和至少三种特殊回答。一般回答与前面提到的居间层面有关。如果我们不谈居间层面,而是谈一个可以使我们在日常经验层面和理想层面之间来回变换的自动扶梯,情况也许会变得更加清楚。这个自动扶梯就是实验。实际上,我们让象牙弹子球在大理石地板上滚动已经是这样一个实验,它是对理想层面的趋近,理想条件已经得到了尽可能严格的实现。"尽可能严格":实际上一直是有区别的,因为只有在思想中借助于一个思想实验才能完全消除所有干扰因素。技巧是对实验进行设计,以使理想条件得到尽可能准确的体现。这样做的目的是什么? 是为了验证抽象导出的定理是否为真,或者说,为了验证这个定理是否就日常实在教给了我们什么。

伽利略认为,哥白尼关于地球绕轴自转的观念最清晰地表明了,恰恰是理想的实在层面教给了我们日常实在中实际发生的事情。这里我们已经有了一种对前述问题的特殊回答。当时经常针对哥白尼提出的一个反驳是,把石头竖直抛向空中,石头又会落回到出发点;假如地球绕轴自转,那么当石头在空中时,地球会在它下方继续转动,因此石头会落到出发点以西一点;既然事实并非如此,所以地球不可能转动。这一论证似乎无懈可击,但后来我们发现,它依赖于隐藏在背后的一个假设。伽利略第一次认识到了这一点。在理想实在中,物体会保持自己的运动,可以同时参与多种运动。但实际上，这也正是日常实在中发生的事情：石头和把它抛向高空的人一样，也参与了地球的运动，只不过暂时还附加了一个向上的和向下的运动。无论地球是静止还是自转，竖直抛向空中的石头都会落回出发点，因此哥白尼的理论至少不能被上述反驳所驳倒。

在《谈话》中，伽利略也把这种新的运动观念与自由落体现象紧密联系在一起。如果让一个物体自由下落，则它最初会加速一段时间，但走过一段距离之后，速度就不再改变。为什么最初会加速呢？在自然哲学家中，只有亚里士多德指出了这种现象，但他并没有找到答案。从那时起，就一直有人试图弥合理论中的这个裂隙。现在伽利略从一开始就建议不要再进行语词解释，而是要把现象变得可以计算。早在帕多瓦时期，他就已经开始这样做了。他不再试图把自由落体当成一种可以使用阿基米德杠杆定律来处理的平衡现象——这正是他在比萨的失败之处。现在，他在《谈话》中提出，下落速度正比于下落时间。如果在空无所有的空间中，速度会一直增加下去，之所以在一段时间之后速度不再增加，是由于空气阻力的作用。由匀加速下落的假设可以得出一些关于下落时间与下落距离之间关系的推论。其中一些推论还可以用当时非常有限的手段进行实验验证。为了使整个过程可以控制，伽利略让它沿一个斜面进行。他详细描述了如何在一块硬木上刻一个沟槽，并将其尽量打磨光滑，如此等等，以尽可能准确地反映理想条件下的现象。现在看来这些实验安排还很原始，但正如我们今天对实验的重建所证实的，计算出来的结果与实际结果符合得相当好。

根据如此获得的结果，伽利略试图确定抛射体的轨迹。火炮

112

射出的炮弹或水平抛出的石头会出现什么现象？根据新的运动观念，石头参与了两种运动：一种是水平的匀速运动，另一种则是竖直的匀加速运动。根据亚历山大的数学，两者相结合产生了一条抛物线。伽利略还作了一张表，就炮管的每一种角度给出了炮弹的射程。当炮管仰角为45度时，射程最大。对于我们前面提出的问题，即"数学的－理想的"实在层面与日常的实在层面之间的区分有什么意义，第二种特殊回答在于这种实际应用：抽象推导出来的和实验验证的结果可能有很大的实用价值。

还有第三种特殊回答：这一区分为创造全新的、人工制造的实在指明了道路。在"数学的－理想的"实在层面，空气是一种干扰因素，我们必须先在思想中把它去掉，才能得到有效的结果。此时距离把空气作为干扰因素实际移除，或者说创造出真空，就只剩很小一步了。我们将会看到，接下来的一代人的确已经制造出了空气泵并将其付诸应用，而且事实证明，用它可以制造出近似的真空。

和开普勒的情况一样，在伽利略这里，除了革命性的创新，我们也不要忽视其思想的局限性。首先，他往往会低估日常的实在层面与"数学的－理想的"实在层面之间的差异——伽利略所列的表对炮兵来说并没有什么用处。其次，伽利略说的是保持水平运动，而且他是从字面上说的：物体只有平行于地平线运动，即实际上是圆周运动，才能保持运动。直到牛顿的《自然哲学的数学原理》才明确指出，这个后来被称为"惯性原理"的运动保持原则只适用于匀速直线运动，只有去除了所有外力才可以想象这种运动状态。

但对我们而言，重要的并不是如何把伽利略和开普勒的成就与今天的物理学和天文学联系起来——这样做的时候，我们既会看到许多天才的方案，也会看到严重的不足。我们感兴趣的问题是，他们的成就与其直接先驱成就的关系如何。我们要说，这两个人已经走了相当远的路程。无论在深度上还是广度上，他们都为"亚历山大"补充了一个强大的"加"（Plus）。

就深度而言，我们几乎可以谈及一种新的认识结构。我们已经尝试用两个实在层面的区分以及使人可以在两个层面之间来回转换的自动扶梯来解释它。今天我们用来表述这种自然认识方式的常用术语是"自然的数学化"。其核心是，数学与实在被紧密联系在了一起。伽利略一直试图向读者表明，他所导出的数学规律如何能够表现于日常实在之中，比如自由落体运动或射出的炮弹的运动。只要有可能，他就会寻求日常情况下的实验证实。在开普勒那里，数学化表现为他的行星运动三定律、"天界物理学"，甚至使数学成了规定自然中什么可能、什么不可能的最佳标准。但这还不是全部。在另一个"抽象的-亚历山大的"领域——光与视觉领域——中，开普勒通过关注现象的实在性而引发了一场革命。6个世纪以前，伊本·海塞姆（阿尔哈增）曾经把一个特定的假设当成了按照托勒密的方式对光和视觉进行解释的基础，对此，无论在伊斯兰世界还是欧洲都没有人提出过反对。只要把光线当成几何直线来处理，这个假设就会显得非常可以接受。直到像开普勒那样赋予它一种物理意义，它才被证明是站不住脚的。这促成了一种根本性的转变，人们第一次清晰地认识到了眼睛的透镜功能。

　　就广度而言,伽利略第一次试图对五种经典的"亚历山大"主题之外的自然现象作数学处理。此前,下落、抛射和运动本身都尚未得到数学处理。摆的运动也是如此,伽利略为此提出了一条规则:对于给定的摆长来说,振动周期与振幅无关。材料的强度也是如此,这是《谈话》中的另外一个主题。还有其他一系列现象,伽利略都试图为其导出数学规则,并或多或少取得了成功。

　　诚然,对这些定律的实验验证并非总能得出明确的结果,甚至往往是根本不可能的,但这并不是关键。在17世纪初,"亚历山大"的边界第一次被成功突破——部分是在旧的研究领域,部分在新的领域。诚然,托勒密已经意识到某些边界的存在,并试图通过在数学与实际世界之间搭建起某种桥梁来寻求解决。这后来启发伊本·海塞姆和吉奥塞弗·扎利诺分别在光学、视觉领域和音乐理论领域作了类似的努力。但是现在,开普勒和伽利略把数学与实际世界更加紧密地联系在一起,而且他们的方法还可应用于许多此前无法用数学处理的现象。我们完全有理由言及一种转变,因为某种现存的东西("亚历山大")变成了某种很大程度上不同——尽管不是完全不同——的东西("亚历山大加")。我们完全有理由把这种转变称为"革命性"的,因为它与任何可以被称为"革命性"的历史事件具有同样的革命性。

　　这种转变的革命性从当时人们的反应便可以看出来。表示热情肯定的主要是后一代人,在他们身上,僵化的看法和思维习惯比较少。虽然许多同时代人都看到了新的思维方式有某种特别之处,但这些特殊之处对大多数人来说恰恰成了拒绝的理由。如前所述,传统的"亚历山大人"彼得·克吕格表达了他对天界物理学等等的误解。伽利略去世后，他的学生们就他的落体定律展开了长时间的争论，此时，最具创新性的"雅典人"虽然很愿意用量来工作，但却几乎或完全不理解"亚历山大加"的认识结构。主要绊脚石一再被证明是这样一个令人困惑的假定，即一些陈述虽然的确是关于实在的，但却是以"抽象的－理想化的"方式作出的。直到今天，它也是科学教育的主要障碍之一。

　　而那些引出了开普勒和伽利略最重要成果的问题也表明，"革命性"的表述是正当的。开普勒之前的问题是，对于一颗特定的行星而言，通过哪些圆形的、均匀通过的轨道组分才能最恰当地建立起它的轨道模型？开普勒之后的主要问题则是，他的三条定律之间是什么关系？为什么是椭圆？为什么是面积定律？为什么轨道周期的平方会与行星到太阳的平均距离的立方成正比？这些初看起来完全独立的认识彼此之间到底有什么关系？伽利略之前的问题是，为什么物体最初下落时会加速，而伽利略之后的问题则是，为什么这种加速是均匀的。在这两种情况下，一个实际上无法回答的问题现在已经被转变和精确化，回答它已经成为可能，虽然给出解答的并不是伽利略或开普勒——半个世纪以后，是牛顿从他们的成果中提炼出了这种解答。不过在这方面，伽利略清楚地表明了他的做法新在哪里。在讨论落体加速的《谈话》第三"天"的开头，他便宣布了读者们可能的期待：

　　　　通往一种非常广阔和卓越的科学的道路即将开辟出来；我们这里所作的努力仅仅是它的基础，比我看得更远的人将

116

会探索这门科学更为隐秘的角落。①

这些话表达了一种谦逊与自信的典型混合。伽利略的确比所有前人都看得更远，但他坦承并不是所有东西都能彻底洞悉——这超出了他的视野，属于未知的未来。这种自觉的创新愿望现在也波及了"亚历山大"的处理方法。这种自觉的"新"以前只见于那些描述性的、面向实践的自然认识方式的著作标题中（比如《来自新世界的好消息》）。现在，伽利略已经在《谈话》的标题中谈到了"新科学"，开普勒则给他关于天界物理学的书起名为"新天文学"。问题是，这种革命性转变如何能够产生？它为何会违背我们的趋势观察员的合理预期而恰恰发生在欧洲？

关于"如何能够产生"这个问题，我们实际上已经知道答案了。这种转变已经作为可能性存在于希腊，特别是亚历山大的遗产之中了。这种典型的"抽象的－数学的"理想化方法不仅被亚历山大人引入，而且托勒密还认识到这种抽象走得太远，并试图使数学的自然认识方式更加接近实在。开普勒和伽利略的伟大之处在于他们成功地实现了这个目标，而不在于他们最先致力于此。这个目标之所以能够实现，首先是因为它作为一种可能性已经包含在此前历时一个半世纪的文化移植之中。

这是否意味着这三次移植中的每一次都可能导致类似的结果，即"亚历山大加"的产生呢？在某种程度上，回答的确是肯定的。

---

① Galileo Galilei, *Opere* VIII, p. 190 (*Discorsi*).

首先,从原则上讲,对亚历山大遗产的每一次新的移植都使其隐藏的发展潜力更有可能被发掘出来,特别是因为某一次取得的扩充成果可以在下一次得到重视。虽然开普勒和伽利略在作出重大突破时所使用的数学主要是希腊的几何学,但"阿拉伯"数字和代数的发展对它们也不无影响,特别是对开普勒的工作而言。此外,图西双轮(假如哥白尼不是独立重新发现它的话)对此突破也有间接贡献。

更重要的是,正如我们在上一章所指出的,希腊自然认识在伊斯兰文明中的复兴非常类似于它在文艺复兴时期的欧洲的复兴。这种相似性涉及的是伊斯兰文明的第一个繁荣阶段,而不是很晚以后它在波斯、安达卢西亚和奥斯曼帝国的衰落阶段重新回到更高水平。我们已经说过它与希腊自然认识在中世纪的复兴的共同之处:伊斯兰文明以自己的黄金时代为导向,中世纪的欧洲则是以亚里士多德的学说为导向,这些都导致自然研究一直在兜圈子,尽管是个很大的圈子。希腊自然认识的所有文本最初被重新发现也带来了更多的发展机遇。这个重新发现、翻译、吸收和扩充的过程的典型特征是活力、富有感染力的热情和真正的发现乐趣。整个过程显示出了其自身的动力,至少隐藏的发展潜力获得了展示机会。更确切地说,作为一个半世纪以来创造性地扩充亚历山大自然研究的高峰,开普勒和伽利略所作出的突破,本质上并未超出比鲁尼或伊本·海塞姆那种水平的"亚历山大人"之后那代人的可能性。假如在 1050 年左右,由这些伊斯兰的亚历山大人所推动的发展没有被他们晚年时发生的入侵所终止,那么就没有什么能够阻碍伊斯兰世界出现一位伽利略式的人物。

118

这种断言也许听起来很冒险。亚历山大自然认识在伊斯兰世界与文艺复兴时期欧洲的黄金时代之间的高度一致性可以从经验上支持它。为什么在欧洲可以继续走下去，在伊斯兰文明中就必然不可能呢？要想更清楚地表明这种平行，我们不妨看看伽利略所走过的道路。（开普勒的情况要更加复杂，尽管并没有本质不同。）伽利略开始自己的职业生涯时是一个典型的甚至是极为纯粹的亚历山大人。在他的第一项研究中，他试图重新构造阿基米德曾经研究过的一个问题。作为一个亚历山大人，他也非常熟悉亚里士多德的学说，他对落体现象特别是落体加速现象有越来越大的兴趣便来源于此。他想用数学来把握这些现象的最初努力没有成功——阿基米德的杠杆定律在这里根本不适用。然而，他的未竟著作中已经包含了一种思想的萌芽，后来他在帕多瓦将这种思想加工成了保持运动的观念。从一种纯粹的阿基米德方法走到我们这里所说的"亚历山大加"决不是一小步。虽然这一步好像来得很突然，但它可以被分成一系列中间步骤，伽利略的笔记表明，他实际上已经陆续完成了这些中间步骤。在另一种情况和其他条件下，这些中间步骤完全可能由若干位学者以其他方式完成，这些学者或者共同工作，或者彼此相续。我所说的"伽利略式的人物"绝不是指，倘若没有入侵，伊斯兰文明中的自然研究就可以像五个半世纪以后的欧洲那样持续发展。但我认为，开普勒和伽利略所得出的最终成果，即"实在论的－数学的"自然认识方式，在没有干扰的情况下也可以在当时的伊斯兰世界获得，尽管无疑是沿着另一条道路。

　　整个论证的关键点是：这种从"亚历山大"到"亚历山大加"

的革命性转变并非必然在欧洲发生。它本来也可能不发生，或者在不同时间于世界的另一个地方发生，即在 1050 年左右，作为伊斯兰自然认识的黄金时代的高峰在伊斯兰文明中发生。

我们还可以用一些特殊情况来解释，为什么在文艺复兴晚期的欧洲，这样一种突破发生的可能性相对较高。

开普勒和伽利略都是非凡的天才，所以至少可以设想，如果没有他们，整个革命性转变仍然不会发生。但单单是天才还构不成充分的解释。数学和自然研究方面的天赋没有时代的限制，问题是这种天赋是否有机会发挥出来。如果没有一定程度的社会基础是不行的。在伊斯兰文明中的自然认识的繁荣时期，这种机会当然是存在的，而在文艺复兴时期的欧洲，这种机会则要大得多。这首先是由于大学是所有欧洲精英的教育机构，自然研究则是大学教学的固定组成部分。虽然那里讲授的亚里士多德学说指向了一个完全不同的方向，但许多学生毕竟学到了足够的初等数学知识，兴趣能够被唤起，天赋高的人还能将它继续深化。开普勒是第谷·布拉赫的最后一任助手，在他之前有 30 多位。无论这些人在第谷那里又接受了多少训练，他们刚来的时候都已经拥有了必要的基础知识。这么多专业学者在伊斯兰文明中是不具备的（其数量之比大约为 1∶4）。

与此相反，欧洲文明领先于伊斯兰文明的另外一种东西，即印刷术，却没有或几乎没有增加发生根本转变的可能性。在伊斯兰文明中，文本流通也很迅速，而且价格不算太贵。无论在量上还是质上，从手稿得来的知识都不逊色于从印刷书籍得来的知识。有许多博学的伊斯兰学者，完全可以与中世纪和文艺复兴时期的欧洲学者相媲美，而且总体而言，他们的认识水准也堪比开普勒和伽利略。我们将会看到，对于构成了我们所谓的"科学革命"的另一些革命性转变来说，印刷术的确造成了决定性的差异。但是从"亚历山大"到"亚历山大加"的革命性转变也可能在一种手稿文化中发生。

因此，问题仍然是这个"加"如何可能产生。在这里，"加"一直表示"抽象的－数学的"自然认识方式在开普勒和伽利略那里获得的实在性内容。在伊斯兰文明中不存在而在欧洲文明中存在的另外三种情况可能起了作用。

121 首先是哥白尼《天球运行论》第一卷中的实在论。在整部著作的语境中，这种实在论显得很荒谬，哥白尼的同时代人甚至是此后的一代人大都拒绝接受它，即使在某些情况下部分接受，也没有人沿着这条道路继续走下去。只有开普勒和伽利略完全接受了《天球运行论》第一部分中的实在论，他们清楚地认识到，迫切需要对这种实在论所处的语境加以修正。哥白尼令人惊讶地声称，他所假定的旋转的地球是实在的，这提供了一个机会。多亏了这两个人，这种机会没有被错过。

这种实在论的另一个可能来源是我们所谓的欧洲第三种自然认识方式，即建立在精确观察基础上的、以实际应用为导向的研究。与在"亚历山大人"那里不同，这里所关注的核心是研究的实在性内容。我曾经指出，在从事三种自然认识方式的人之间，一般来说并没有什么交流，他们往往彼此隔绝。但欧洲毕竟相对较小，容易游历，学者们在这里可以更多地了解到别人的活动。在天文学中，这种联系最强，开普勒肯定已经掌握了第谷的观测数据。而

在伽利略那里，也可以找到这两种自然认识方式的联系。但用于
体现其数学落体定律实在性内容的那类实验证实不可能来自于其
他任何人，因为在伽利略之前，没有人做过这种事情。但此前有
过另一种类型的实验。它们并非像在伽利略那里一样，旨在证实
此前导出的定律，而是为了发现自然界中未知的规律性。我们在
达·芬奇（摩擦）和若昂·德·卡斯特罗（测量）那里看到了这种探
索型的实验（exploratory experimentation）研究。如果不考虑一
个例外，那么在 1600 年之前，这已经是全部。这个例外距离伽利
略已经很近了。事实上，伽利略的父亲温琴佐·伽利莱不仅是一 ₁₂₂
位颇具原创性的作曲家，对 17 世纪巴洛克音乐风格的兴起贡献颇
多，而且还研究过谐和音在音乐中的作用，作了一系列实验来研究
弦的厚度对振动弦所产生的泛音序列的影响。在这方面，伽利略
无疑已经站在了温琴佐的肩上，这为他后来尝试用数学来把握落
体现象创造了灵感。

　　最后，耶稣会士所从事的混合数学也可能是实在论方法的另
一个灵感来源。这种数学的典型特征是处理实际现象，从表面上
看，它与开普勒和伽利略的创新的确很类似，而且很可能激励过他
们沿着已经走上的道路继续前进。但其认识结构的差异实在太大，
以至于这里无法谈及真正的亲缘关系。开普勒和伽利略的伟大之
处在于他们勇敢地投身于一种思想冒险，寻求着不可预测的未知
结果。而在混合数学中，结果已经给定，因为亚里士多德思想框架
的第一原理已经对它们作了预先规定。悬而未决的仅仅是，在个
别情况下多大程度上仍然能够在数量的方向上继续发展这些第一
原理。

无论对量化是否有兴趣，亚里士多德主义者都已经预先知道了世界的样子；只有在次要方面才可能发现某些东西。而在开普勒特别是伽利略看来，世界几乎未被探索——我们曾经说过，在古希腊人和中国人那里是如此，现在似乎又是如此。两人都声称我们的世界本质上是由数学构造的。伽利略把数学称为书写自然之书的语言。开普勒则说，几何学是先于万物和永恒的，上帝把几何学当成了创世的原型。在他们看来，自然研究才刚刚开始，数学乃是重新创造世界的工具。

123

贝克曼与笛卡儿：从"雅典"到"雅典加"

又过了一二十年，在欧洲的另一个地方也有人尝试重新创造世界，但不是用数学的方式，而是用哲学。这一次是发生了深刻转变的古代原子论。这里也可以说是革命性转变，但只是在一定程度上。与从"亚历山大"到"亚历山大加"的转变不同，在"雅典加"中，传统的认识结构完全未受触动。虽然哲学的第一原理在内容上发生了显著变化，但所有自然认识的基础仍然要有完全的确定性，所有自然现象都必须通过这些而不是另一些第一原理来解释。

这种革命性转变的伟大先驱是勒内·笛卡儿，但第一个人并不是他，而是他的老朋友伊萨克·贝克曼。我们今天之所以对贝克曼知之甚少，是因为这位来自齐兰（Zeeland）的神学家、管道工、蜡烛制造商和高中校长从未系统地表述过他对自然的看法。不过，根据他在莱顿做学生以来的日记记录，我们可以重新构建出一种比较一致的自然哲学，凭借这种自然哲学，他必定产生了相当的影响力，尤其是对笛卡儿。1618 年，这两个人在布雷达（Breda）会面了。笛卡儿是在那里驻防的莫里斯亲王军队中的年轻士兵。贝克曼生于米德尔堡（Middelburg），比笛卡儿大 8 岁，他当时访问布雷达是为了协助他的叔叔工作，"并向其女儿求婚"[1]。（他后来的确如愿以偿地娶了这位美丽的布雷达姑娘。）与贝克曼相比，笛卡儿的思想更加系统和敏锐，在哲学上受过更全面的训练。笛卡儿是天才，贝克曼则只是一个具有特殊天赋的人，即使没有贝克曼的启发，笛卡儿也同样有可能发展出自己的自然哲学。但笛卡儿本人却不敢肯定历史会作出这样一种判断。1628 年，笛卡儿再次来到荷兰，想把他已经考虑成熟的自然哲学写下来。但他惊恐地发现，贝克曼现在也正准备系统地阐述自己的自然哲学。他写了两封恶毒而虚伪的信件，吓住了极为谦逊的贝克曼，使之立即放弃了这种努力。贝克曼去世后，他的日记不见了踪影，直到 20 世纪初才重新面世，然后又过了半个世纪才最终出版。

　　贝克曼的日记比笛卡儿的著作更清楚地揭示了到底是什么发生了转变。事实上，笛卡儿一直想把自己表现为从零开始重新思考整个世界的人，不欠前人任何东西——实际上并非重新创造，而是亲笔创造。

　　两人都认为，世界是由不可见的、不可入的、坚硬的、形态各异的物质微粒构成的，它们要么暂时聚集在一起，要么在不停运动。这并不是什么新东西，古代原子论就是这么说的。迄今为止，它在四种雅典自然哲学中并不占据非常重要的地位。在罗马共和国晚

---

[1]　Isaac Beeckman, *Journal* I, Den Haag 1939, p. 228.

期和罗马帝国早期,斯多亚主义是占统治地位的哲学,而在罗马帝国晚期,柏拉图的学说是占统治地位的哲学。亚里士多德的学说则被伊斯兰文明所接受,从而在安达卢西亚和中世纪欧洲占据了统治地位。在文艺复兴时期的欧洲,亚里士多德的学说仍然保持着这种统治地位,尽管不得不再次忍受近旁的那些老对手。而在伊斯兰文明中,原子论只是作为一种思辨神学的组成部分扮演着次要角色。查理曼大帝在位期间,原子论曾在欧洲有过短暂的复兴。直到君士坦丁堡陷落20年之后,古代原子论最重要的文本——卢克莱修的说教诗《物性论》(*De rerum natura*)才得以出版。但直到16世纪末、17世纪初,其影响才显现出来:在某些自然哲学家那里,亚里士多德的物质观念朝着原子论的方向发生了一点转变。贝克曼便是其中的一位,没过多久,到了1610年左右,他便为这种新的观念补充了自己的东西,即原子运动的思想。古代原子论几乎只关注微粒本身,关注微粒的大小、硬度、特别是形状。于是,卢克莱修在解释一些物质的苦味时,把苦味归因于构成这些物质的微粒是尖的,它们刺痛了我们的舌头。而原子如何运动的问题却没有受到特别关注。

但贝克曼提出了这个问题。他独立于伽利略发展出了一种非常类似的运动观念。"只要不受阻碍,物体一旦运动,就会一直运动下去"[1],他在1613年以后的日记中多次这样写道。在伽利略那里,这只适用于与地平线平行的运动,因此是圆周运动。而贝克曼则认为,直线运动和圆周运动都会保持,除非物体被某种东西所

---

① Isaac Beeckman, *Journal* I, Den Haag 1939, p. 44.

阻止。他试图由这种运动观念出发,根据其第一原理来解释各种不同的自然现象。

由这种方式给出的解释通常要比在古代原子论中具体和详细得多。例如在古代原子论中,声音会被非常含糊地解释成由发声器官发出的微粒流,然后它会撞击我们的听觉器官,在那里被知觉为声音。而在贝克曼看来,声音之所以会产生,是因为比如说弦通过振动把空气分成了小微粒,并将它们朝四面八方发射出去。弦的振动速度越快,微粒就越精细,运动速度也越高,对我们耳膜的撞击也越是猛烈和频繁。关于更为精细的微粒的更快运动如何会产生更高的音调,贝克曼一直解释到了神经和大脑层面。同样,他也解释了每次弦振动所分成的更大数量的微粒如何会使人感觉到更大的音量。因此,他总是给出一种一一对应的解释:我们在宏观世界中知觉到的某种现象对应着微观世界中某种特定的微粒机制。

对于所谓的共鸣现象(sympathetic resonance),贝克曼也给出了这样一种解释。当我们弹弦或拉弦时,附近的另一根弦可能也会自动发出声音。这一现象和磁体对铁的神秘吸引一样,都是神秘的协同作用和隐秘力量的典型例子,它们在魔法世界中起着极为重要的作用。贝克曼指出,这些现象其实并不神秘,它们与"共感"(sympathy)毫无关系。他声称,实际情况是,弦的振动使空气交替着快速稀释和压缩,后者又使远处的另一根弦发生振动。

在今天的物理学家看来,最后的解释已经接近正确,而把声音的产生解释为空气被弦分成微粒,则纯粹是无稽之谈。但在历史学家看来,其重要性并不在这里。通过关注物质微粒的特殊运动,自然哲学解释可以比古代原子论的解释更接近我们今天所理解的"物理学"。事实上，为了给出解释，需要考虑更为具体的机制。对于今天的我们来说，某些解释是否正确并不那么重要。而且，"雅典的"认识结构几乎无法区分正确与错误。微粒及其运动只是假设的东西，用肉眼是看不见的。它们是由第一原理得出的，但是由这些第一原理可以在现象层面上得出哪些推论，却可能有非常不同的看法。

127　　　笛卡儿对空间中微粒的看法与贝克曼完全不同。贝克曼遵循古代原子论的看法，认为原子在空的空间中运动，但笛卡儿却不承认真空。在笛卡儿看来，物质与空间是等同的。他还认为，宇宙中运动的总量保持不变——在此处失去的东西，将在彼处出现。于是，微粒只有通过交换位置才能到达另一个地方。一个微粒挤压另一个微粒，这个微粒再挤压另一个微粒，就这样，各个微粒聚集成为或大或小的物质涡旋。笛卡儿在《哲学原理》(*Principia Philosophiae*，1644 年) 中提出了所有这些想法。在这部著作中，这些涡旋对于解释各种不同现象发挥了重要作用。笛卡儿的所有解释都源于其自然哲学的第一原理，他对这些第一原理的制定要比贝克曼严格和系统得多。运动总量守恒，物体保持自己的直线运动，运动的相对性，所有这些陈述在笛卡儿那里都表现为自然规律的形式。笛卡儿在这里假定了适用于整个宇宙的不可改变的自然规律，这在当时还是新的东西。自然规律的概念对科学革命作出了重要贡献。

现在，这种新的运动观念使古典原子论获得了新生，并且赋予了它某种"现代的"、"物理学的"特征。从"雅典"到"雅典加"的革命性转变中的"加"主要就体现在这里。问题是，这个"加"如何可能产生。

和"亚历山大加"的情况一样，对这个问题的回答核心也在于认识到，作为可能性包含在"雅典"遗产之中的东西现在终于展开了。但就出现这种展开的可能性而言，它与第一种情况有所不同。古代原子论在文艺复兴时期的欧洲才第一次出现了转变的可能性。由于文本流传的偶然性，伊斯兰文明对古代原子论所知道的那一点东西其实并非来自原始文本，而只是源于亚里士多德反驳它的论证。伊斯兰神学家关于物质最终原子结构的思辨一直仅限于第一原理。他们并未建立起原子论与可用之进行解释的自然现象的关联。

原子论之所以能够在欧洲继续发展到更高水平，可以归功于三个条件。欧洲重新获得了最重要的文本——卢克莱修的长诗《物性论》；此外，欧洲有大学，一代又一代的精英在那里获得了严格的自然哲学教育。虽然这种教育通常集中于亚里士多德的学说，但它至少提供了一种哲学思想上的训练；被引入自然哲学的人越多，就越可能出现具有批判性头脑的人。特别是当亚里士多德的学说丧失了垄断地位，其自然哲学的老对手重新登场时就更是如此。无论是在贝克曼还是笛卡儿那里，我们都可以清楚地看到这样一种发展。但是，对占统治地位的自然哲学持批判态度并不等同于要选择另一种自然哲学，更不用说对另一种自然哲学作根本转变了。这里最多只能说，原子论比其竞争对手更容易发生转变，它不像柏拉图的学说那样精神化，其第一原理也比斯多亚主义或亚里士多德的学说灵活一些。

　　但这仍然没有解释，这种新的运动观念，这种转变的"加"，到底是从哪里来的。它并不是什么新的东西，因为在贝克曼和后来的笛卡儿研究它之前，伽利略已经构想了它20年，尽管还是在"亚历山大"自然认识方式的框架内。这两个"雅典人"如何能够采取相同的步骤？

　　对笛卡儿来说，这个问题要比在贝克曼那里更容易回答——1618年，笛卡儿在布雷达与贝克曼交谈时第一次遇到了这种新思想。至于贝克曼是从哪里得到这种思想的，则仍然是一个谜。"只要不受阻碍，物体一旦运动，就会一直运动下去"，这句话很早就出现在贝克曼的日记中，没有任何明确的准备或进一步的语境。他关于运动保持的观念不可能来自伽利略。1613年，伽利略还从未表述过这种观念，当然也没有就此发表过什么东西。而且，贝克曼总是把他从谁那里获得了什么东西认真地记录下来。我们只需指出，在大约20年的时间里，代表着两种对立的自然认识方式的两位非常不同的思想家，以不同的方式得出了同一种基本观念。难道文艺复兴晚期的欧洲特别适合产生这种观念？要想更好地回答这个问题，我们还需要考察在同一时间发生的第三种革命性转变。

培根、吉尔伯特、哈维、范·赫尔蒙特：从观察到探索型实验

　　到了15世纪中叶，君士坦丁堡的陷落再次促成了两种希腊自然认识方式的移植。紧接着，文艺复兴时期的欧洲还发展出了

第三种自然认识方式,其特点是精确的观察和以实际应用为导向。这第三种自然认识方式也在 1600 年左右发生了革命性转变。这归功于两个英国人和一个南荷兰人。另一个英国人则为之提供了一个想象的纲领和详细的方法论,他就是弗朗西斯·培根,维鲁拉姆(Verulam)男爵,曾任国王詹姆斯一世的大法官。在访问英国时,克里斯蒂安·惠更斯的父亲,当时的年轻诗人和外交官康斯坦丁·惠更斯说,培根是他所见过的最为虚荣的人(不过他并不怀疑培根的能力)。

　　培根对这两种希腊自然认识方式的评价并不高。他在很大程度上忽视了"亚历山大"(他完全没有注意到这里正在发生的革命),也没有停止过对"雅典"的谴责。他对那种解释自然现象的自上而下的理智主义方法评价很低。自然知识应当自下而上地获得,这些知识不能基于那些先入为主的第一原理,而应当基于不偏不倚的观察,就像第三种自然认识方式所做的那样。只不过那里缺乏连贯性和目的性;观察者只是像蚂蚁一样收集知识碎片,而没有把它们加工成某种坚实的东西。自然知识的收集必须以蜜蜂为榜样系统地进行。培根呼吁建立有组织的研究群体,按照一定的方法对材料进行加工。以这种方式得到的蜂蜜才是真正需要的东西。培根反复强调,自然知识是改进人类状况的手段和前提。要想让人类为亚当的堕落作出补偿,就需要认识自然。认识自然的最终目标正如培根不朽的格言所说:"实现一切可能之物。"[①]但反过来也是对的,只有认识自然的内在规律,才能主宰自然,"也就

> ① Francis Bacon, *Works* III, p. 156 (*The New Atlantis*).

是说，只有服从自然，才能驯服自然。"[1]

　　培根主要在技艺和探险旅行中看到了群体协作的可能性。他在其乌托邦式的著作《新大西岛》（*Nova Atlantis*）中设计了一个团体，其核心机构是"所罗门宫"，这是一个系统收集和加工知识的组织：至少有 18 名职员密切合作，其等级制度非常严格。比如所罗门宫会派遣"光的商人"[2]去收集其他民族的所有知识，以及各种类型的仪器和样品（本质上是一种国际性科学间谍活动的早期形式）。

　　培根设计的方法是这样的：在一张表中完整地列出在什么条件下会产生什么特殊现象，比如热（在阳光下或者发生一些化学反应时）。在另一张表中列出在什么（相关）条件下现象不会产生，比如在月光下不会生热。通过对两张表作系统比较作出第一次概括，比如热总是伴随着运动。由这些概括可以在更高的层面列出新的表。重复进行这个过程，直到在自然界中发现最普遍的规律。

　　不幸的是，如果严格遵守这种方法，我们很快就会发现它并没有什么用处。不过，这并不适用于其真正的革命性要素。为了系统地追踪现象的相互关联，培根认为应当在必要时对自然进行痛苦的拷问。倘若自然不主动向观察者吐露自己的秘密，就必须人为地设计实验，迫使它暴露某些现象的特点。于是，培根想出了一种发现事实的探索型实验（exploratory fact-finding experimentation），它完全不同于那种以证实为目标的实验，伽利

---

① Francis Bacon, *Works* IV, p. 47（*Novum organum* I, aphorism 3）.

② Francis Bacon, *Works* III, p. 164（*The New Atlantis*）.

略此时正试图用后一种实验把数学与自然界统一在一起。这种实验也以实际改善人类的生活为主要目标。于是，培根建议用声音实验来研究产生或接受声音时是否能够扩声，以方便聋人的生活。

培根是那种典型的只说不做的理论家。虽然他在许多书中都详细描述了实验设计，但他根本没有亲自去实践。詹姆斯一世的继任者查理一世的医师威廉·哈维就不无道理地嘲笑说，培根对待自然就像一位真正的大法官。

哈维本人是一位熟练的实验家。在 16 世纪末、17 世纪初，他曾在帕多瓦学习医学。在那里，他掌握了维萨留斯及其继任者的精确观察所提供的最新的解剖学知识。回到英国后，他在医疗实践过程中进一步发展了这些知识。哈维比他的任何一位老师都更敏锐地注意到，关于心脏和血管的新知识与关于身体部位功能的通常看法其实并不相容。罗马医生盖伦曾把血液视为赋予生命的液体：食物在肝脏中形成血液，然后血液在心脏和大脑中分别被转变成"生命精气"（vital spirits）和"动物精气"（animal spirits）。根据盖伦的说法，血液从肝脏和心脏流出，经由血管流到身体的各个部分，血液中的养分被身体的各个部分吸收和消耗，没有回流发生。所有这些都假定血液可以通过"孔洞"从右心室渗入左心室。维萨留斯发现，心室之间并不存在这样的通道。不久以后，盖伦的身体机能学说（否则这就是关于人体所知道的一切）被拼合成了一幅美妙而清晰的图像，通过发现"小血液循环"，即血液从右心室经由肺流到左心室，盖伦的学说再次得到拯救。

但是，这幅美妙的图像有其他方面的危险。哈维的研究集中于心脏，他主要通过对狗的活体解剖，发现心脏最重要的运动并不

132

是盖伦体系中的扩张，而是收缩。他还估计了心脏每次收缩会排入动脉多少血液。结果表明，在半个小时之内所排出的血液量已经超出了整个身体的血液。倘若血液不是经由血管又回到心脏，那么所有这些血液会留在哪里呢？因此，血液循环必须闭合，心脏就像水泵一样运转。但在哈维看来，心脏远远不只是一个水泵，它还是生命的基础，它净化血液，滋养和维持整个身体——不间断的血液循环正是太阳围绕地球运转的缩影。在这里，以及在哈维后来讨论生殖的著作中，哈维的世界图景是"活力论的"。在这幅图景中，有生命的自然与无生命的自然之间并无区分，一切自然现象最终都可以由某种赋予形式或生命的原始力来解释。

1628 年，哈维在《心血运动论》(*On the Motion of the Heart and Blood*)一书中宣布了他的发现。值得注意的是，它将三个相互影响的方面结合了起来："探索的－实验的"研究；关于现象如何相互联系的假设；以及认为世界是活的和有灵魂的。这种结合也体现在探索型实验的另外两位先驱——威廉·吉尔伯特和扬·巴普蒂斯特·范·赫尔蒙特的工作中。

吉尔伯特是詹姆斯一世的前任伊丽莎白女王的御医。1600 年，他出版了《论磁》(*De Magnete*)一书。他用实验系统地推进了马里古的皮埃尔在近乎 4 个世纪之前开始的工作。吉尔伯特发现，磁体改变铁片指向所需的距离，要大于磁体吸引铁片所需的距离。这使他有理由谈及磁体"作用范围"的概念，这是场的现代概念的萌芽。他的许多实验都涉及罗盘针及其与地理北极的偏差。他的一个主要目标便是从本质上区分在希腊人看来神秘莫测的、常常被等同起来的两种现象：一是磁石会吸引铁，二是经过摩擦的琥珀会吸引像纸屑这样的小东西。他认为，磁只在铁的情况下才出现，而"电"吸引却可以通过摩擦玻璃或硫磺而产生。

完整的标题更能揭示吉尔伯特书中的内容。该标题译为："通过各种论证和实验所表明的关于磁石、磁性物体和地球大磁石的新自然哲学"。吉尔伯特第一次提出，地球是由铁构成的，只有表层才有混杂。在他看来，自然是有灵魂的，充满了生命，地磁是世界灵魂表达自己的形式。

如前所述，帕拉塞尔苏斯的化学学说的核心是一种不同的有灵世界观念。在同一时期，这种观念也在实验的意义上发生了转变。范·赫尔蒙特在个别领域继续发展了帕拉塞尔苏斯的学说，而没有违反其核心，即人和宇宙均由硫、汞、盐这三种本原所构成。尤其具有创新意义的是，范·赫尔蒙特力图通过实验把帕拉塞尔苏斯的结论在量的方面精确化。他认真研究了酸和碱是如何中和的。在研究过程中，他并不只是让化学药品在试管中发生反应。有一次，他把麻雀的胃液滴到舌头上，这帮助他发现，这种中和过程对消化也有作用。尽管如此，范·赫尔蒙特仍然是一位坚定的活力论者，他认为，自然中的所有过程都可归因于"赋予生命的种子"。

无论这四位"探索的－实验的"研究先驱所提出的问题有多么不同，他们之间还是有一些本质的共同点：他们都认为世界是有灵的，都注重实践和技艺，都愿意让自然产生出不会自发产生的现象；（除了培根）都有追踪现象之间关联的天赋。他们有时还会使用一些简单的仪器。比如吉尔伯特借助于一个可以在垂直平面上自由转动的磁针发现，磁针的倾角随着纬度的改变而改变。

　　这一切都有先例可循。达·芬奇、温琴佐·伽利莱和若昂·德·卡斯特罗已经做了一系列这样的探索型实验。现在，到了1600年左右，此类研究的范围更加广泛，也更加系统化，其背后往往是一种魔法的、带有活力论色彩的世界图景，这种图景本身大体上是完好无损的。在我们考察的三种革命性转变中，这一次是最不激进的，许多先前的东西仍然在延续。因此，这种革命性转变的原因比较容易回答。与另外两种革命性转变相比，它作为可能性更直接地内在于先前的东西，即欧洲的"第三种"自然认识方式之中。到了1600年左右，以实践为导向的精确观察逐渐浓缩为探索型实验，越来越多的方法被用来人为地制造出那些原本不会产生的自然现象。在这里，我们趋势观察员的结论不像在其他情况下错得那样严重——我们已经让他在1600年由当时的趋势得出结论，这种富有活力的、面向未来的自然认识方式的繁荣时期可能还会持续一段时间。他所难以预料的只是革命性地转向一种更加系统的实验方法。

　　就其他两种革命性转变而言，他错得更加彻底。这两种革命性转变是：数学自然认识方式的新实在论，以及在自然哲学领域通过集中于物质微粒的运动而产生的那种解释机制。特别是，我们的趋势观察员无法预见到在17世纪初将会发生革命性的转变，而且还是三种几乎同时发生的转变。我们已经分别考察了这三种革命性转变，而且也找到了一些解释，至少在某种程度上，对每一种革命的解释都有所不同。但这三种革命为什么会几乎同时爆发呢？这个问题仍然悬而未决，我们现在就来尝试回答它。

为什么是欧洲？

17世纪兴起的现代科学，以及因此而在19世纪初产生的现代技术给欧洲带来了世界史上全新的两样东西：财富和奢华不再专属于少数精英，以及对世界上的其他地方进行全球统治。如今，这种财富和奢华散布到越来越多的地球居民手中，全球统治几乎所剩无几。然而，19世纪形成的欧洲自我形象仍然在相当程度上铭刻在我们的集体意识之中。这种自我形象的核心是认为欧洲优越于所有其他文明：倘若不是因为其独特的优越性，欧洲的财富和统治将从何而来？究竟是什么东西使欧洲如此优越，其他文明如此低劣？随着时间的推移，人们对此产生了各种不同的看法。这种决定性的差异被归结为各种因素，比如"白种人"、欧洲资本主义、西方的多元主义（相对于东方的专制主义）、欧洲的个人主义（相对于欧洲之外的集体思维）、新兴文明的动力（相对于疲惫无力的旧文明的静态性）等等，或者把所有这些方面结合在一起。然后，人们深入到欧洲历史中去寻找所有这些区别的根源，并把它追溯到文艺复兴时期甚至是中世纪早期。

近年来，历史学中兴起了一种被称为"全球史"的潮流，它对这些旧观念进行了彻底质疑。不仅用"种族差异"来作解释的方法早已被（正确地）抛弃，而且现在已经有越来越多的证据表明，在19世纪初以前，中国、日本、印度、奥斯曼帝国和欧洲之间的结构性差异并非那么显著，因此，后来那种巨大的不平等并不必然会发展出来。当然在"旧"世界，文明之间也可能有很大差异，但那是

136

在所有文明之间。它们不能被简化为"西方"与"其余"之间的极性对立。而欧洲多元主义与所谓的东方专制主义之间的区别实际上也没有强到能够解释后来极为不同的发展。此外，如果作更仔细的研究就会发现，认为在东方文明中是严重的贫困和懒惰阻碍了发展，这种观点也很难站得住脚。

137　　　在我看来，这些结论中许多都很有启发力和说服力。我特别赞同其本质性的一点，那就是从旧形象的束缚中解脱出来。因此，我在本书中不仅试图阐明其他文明，特别是中国和伊斯兰文明在自然认识方面提供了哪些具有同等价值的成果，而且我在解释共同构成了科学革命第一阶段的三种革命性转变时，还有意不去讨论欧洲优越性的观念及其可能的成因。

　　　至少，只要可行，我就这样做了。但在我们现在到达的这一点上却不再可行——并非旧形象的所有方面都站不住脚或毫不相干。我们已经分别追溯了所有这三种转变的起源，现在的问题是，为什么它们不仅出现在同一种文明之中，而且还发生在同一时间？这个问题迫使我们对欧洲的特质进行反思。这里，我们不带有任何或显或隐的价值判断。我们不是问欧洲的"优越性"，而是问欧洲的"特质"，即独特的性质，以便同其他文明进行比较。但这也并不是说欧洲没有发展出任何"优越的"东西。无论在内容上还是生产能力上，现代科学都远远优越于以往所有的自然认识

138　方式。启蒙的理想，比如所有人的平等，人的自治，能够在一个开放和人道的社会中自由发展等等，我认为在优越的意义上是值得普遍追求的。但这里并不涉及这些：我们目前讨论的 1600 年至 1640 年，现代科学才刚刚形成，我们想要理解的是它如何可能产

生。真正的启蒙（没有现代科学就无法设想它）还根本没有开始。我们这里想问的是，这三种自然认识的革命为什么会同时发生，我们不会事先把它归因于偶然，我们要思考的是欧洲文明有什么样的特质能够有利于这种惊人的巧合。为此，我们来到一座丹麦城堡的外院。当 1572 年 11 月 11 日这天的工作结束时，这里出现了意味深长的一幕。

那天傍晚，第谷·布拉赫从叔叔的炼金术作坊回家，路上看到天上有一颗星，此前他从未在那个位置看到过星星。这颗星比金星更明亮，但这位有经验的观测者并不相信自己的眼睛。他先是叫来了自己的助手，然后又找来了几位农业工人，所有人都证明他并没有欺骗自己：那里以前没有星星，现在有了。

这种很容易知觉到的、未被赋予特别价值的东西大大超出了学院派的思维框架，以致第谷起初并没有注意到它，或者认为它不可能是真的。在当时占统治地位的亚里士多德自然哲学中，一切变化都仅限于地界或月下区域，向上直到大气层；月球的另一边则是完美不变的天界。（因此亚里士多德认为流星和彗星是大气现象。）1572 年以前，天空中也曾出现过新星和超新星。中国的天文学家（他们当然不了解亚里士多德的学说）已经将它们仔细地记录下来。但如果事先就认为某种东西肯定不可能存在，那么也很可能看不到它。（"因为，他有力地推论说／'凡不应存在的东西，就不可能存在'"——19 世纪的德国诗人克里斯蒂安·摩根施坦说是说）。

1572 年仙后座的这颗"新星"不仅被年轻的第谷·布拉赫，而且被全欧洲的观测者记录下来，这一事实说明了欧洲当时的状

139

况：一种新的开放性产生了。通过长时间系统性地精确观测，第谷出版了一本小册子《论新星》（*De stella nova*）。他的结论是，这种现象实际上是在距离地球大气层很远的地方发生的——因此，天空的确有可能发生变化。

　　当然，这种新的开放性也是因为，亚里士多德的学说此时已经失去了垄断地位及其不可撼动的权威性，那些自然哲学的老对手在消失了很长时间之后又回来了。但还不止于此。第谷的小册子只是欧洲涌现出来的一系列相关出版物中的一部，新星通常会被看成一切可能设想的灾难的预兆。自然现象引起了更多人的兴趣，其人数远多于致力于认真研究的至多几十个人。这主要是因为"第三种""经验的－实践的"自然认识方式开始蓬勃发展起来。它反应了地理大发现给欧洲带来的新的开放性和不受抑制的好奇心，以及用新的眼光来考察事物的意愿。当然，所有这些只是相对而言；从创新已成常规的现代社会角度来看，16世纪欧洲社会的运作还很僵化。但我们不应以现在的文明为标准，而只能以当时的文明整体为标准。这种比较表明，欧洲更具开放性和好奇心，更有活力，个人主义和外向性更强，更愿意在积极的尘世生存中寻求拯救。

　　这类说法往往会产生误导，因为它们说得太容易、太绝对。比如断言所有亚洲文明都是静态的、内向的、不关注外在世界。这种一般性的结论是站不住脚的。早在葡萄牙人、西班牙人、荷兰人和英国人抵达之前，印度洋周边就有活跃的跨地区贸易，后来西方人试图把它接管下来。印度的佛教对中国和日本的文明影响甚大。北京的皇家钦天监特意下设一个由穆斯林领导的分部。因此，根本谈不上非西方文明完全安于现状。不过还是有一个重要区别：欧洲比任何其他文明都更不满足于现状，它特别不能安宁。这不仅与比较缺乏贵金属有关，而且也与缺乏丝绸、香料等令人渴望的奢侈品有关。在国际贸易中，欧洲一直处于逆差状态。要想获得所需的物品，就必须亲自去遥远的地方。这最突出地表现为地理大发现。

　　这也不单纯是欧洲的事情。伊斯兰文明也造就了一些周游世界的人，他们回来时报告了自己的经历。伊本·白图泰去过阿塞拜疆、东非、印度和中国，比鲁尼曾经写过一本关于印度自然研究的目前仍然颇具可读性的详细著作。15世纪上半叶，中国的三保太监郑和奉皇帝之命率领舰队前往西方。蒙巴萨（Mombasa）的一位年迈的港口工人在1498年春看到葡萄牙海军将领达·伽马的船只停泊在那里，他也许还能记起他年轻时曾经看到郑和那大得多的中国式帆船抛锚停泊着。不同的是，郑和没有继续远行发现欧洲，而达·伽马却在几个月内发现了印度。另一个区别在于，北京的朝廷很快就终止了远征，而欧洲人却没有停止勘察这个世界，直到世界地图上的最后一批空白区域被填满。最后一个区别是对待被访民族的态度。中国人主要持一种倨傲而又宽容友善的态度，而欧洲人却交织着贪婪、嗜血、传教热情和对异国风俗传统的好奇。欧洲的图书市场充斥着各种各样的游记。尽管带有自己的想象和偏见，但其中最好的著作均表达出了对其他民族生活方式的好奇，这对欧洲本身一直都产生着影响。

　　这种好奇尤其适用于以精确观察为导向的欧洲"第三种"自然认识方式，它在许多方面都与地理大发现联系在一起。不仅在海军将领若昂·德·卡斯特罗等个人那里是这样，而且一般来说，地理大发现也被视为这种研究自然现象的方法的象征。弗朗西斯·培根明确指出了这种关联：

> 在我们这个时代，由于人们经常进行世界范围的远航或远游，自然中许多事物已经被发现和揭示出来，从而可能给哲学带来新的启示，这一点的价值也不应轻视。的确，在我们这个时代，当物质世界的情况——也就是说，陆地、海洋和星辰的情况——业已大开和敞启时，我们的精神世界却仍固封于旧有的一些发现的狭窄界限内，这可真是一件丢脸的事。①

技术革新的情况也很类似，它在中世纪已经带来了农业、技艺、战争和日常生活的进步。机械钟和眼镜等技术是在欧洲本土产生的，而大量技术则是外来的。其中许多技术，如马镫或风车，对欧洲生活的改变要甚于其他地区，只有在欧洲，它们才得以不断改进。技艺方面的技术进步显示出了自身的动力，它又反过来对"第三种"自然认识方式产生了作用。技艺与自然研究之间的那种"界面"仅在欧洲形成，其开端可见于航海和防御工事以及绘画和建筑（如透视法）。

"第三种"自然认识方式在伊斯兰文明中并无对应。正如我们在讨论"亚历山大"和"雅典"在伊斯兰世界的复兴时所看到的，那里所关注的领域中也有少数并非来源于希腊，而是有其自身文

142

---

① Francis Bacon, *Works* I, p. 191（*Novum organum* I, aphorism 84）.

明的根源。无论是计算祈祷方向、分配遗产等数学问题，还是为信众提供医疗服务，所有这些都遵循着《古兰经》的建议。在欧洲，只有一个例子可以直接与之相比，那就是复活节日期的计算。但"第三种"自然认识方式以及它的精确观察和实践导向，的确间接反映了某些特定的宗教价值。这与欧洲基督教史上的一次特殊转向有关。大约在一个世纪前，文化史学家和社会学家马克斯·韦伯曾说，每一种世界宗教都有某些方面主要是内向的，也有某些方面主要是外向的。任何宗教都有神秘主义的收心内视和种种苦行。欧洲的特殊之处在于，中世纪和文艺复兴时期的苦行越来越外化：他们主张人可以通过一种节俭而实际的生活而使灵魂获得拯救。而在伊斯兰教和基督教的拜占庭变种中却没有类似的转向；在欧洲，对此做出贡献的主要是修道院。此外，相比于其他宗教，与自然保持一定距离也属于这种比较强烈的外向态度。人首先不是把自己体验为一个自然物，而是把自己看成（利用《圣经》中的说法）"管家"，神赋予他的使命就是管理好自然，但人也可以让自然为己所用。

宗教改革把一神教思想中的这种特殊发展继续向前推进。大多数自然学者，尤其是注重经验和实践的学者，要么参与了地理大发现或与探险家有着密切接触，要么就是新教徒（当然也可能两者兼有），这绝非巧合。而在"亚历山大"或"雅典"的代表者当中，天主教徒与新教徒的比例与整个欧洲并无显著不同。

由此可以得出两个对我们特别重要的结论。首先，欧洲比较外向的态度及其强大的动力和好奇心有利于"经验的－实践的"自然认识方式的形成和随后的革命性转变。另一个更为一般的结论

143

是，这些特征营造出了一种相较于其他地方更有利于创新的氛围。创新会得到回报，但这种回报与其说是物质上的，不如说是观念上的：在整个文明中，创新已经变成了一种共有的价值。

　　这也适用于欧洲的另一个与外向态度相伴随的特征，那就是极度个人主义的自我意识。如果有机会，您可以信步穿过陈列着中国、日本、印度、东南亚、伊斯兰世界或者欧洲中世纪艺术品的大博物馆的宁静展厅，然后再随同一大群参观者涌入文艺复兴艺术的展厅。我们会注意到，虽然那些宁静展厅中的艺术风格因文化而异，但其基本模式是一样的：它们都会涉及模式固定的宗教艺术，虽然数百年来经历过一些变化，但它们始终表达了同样的东西，即匿名的艺术家臣服于某种比他本人更伟大的东西——他的神。即使在人物或动物形象近乎写实的地方，艺术作品的神圣性也仍然可见。意大利的文艺复兴始于一种类似的写实主义，但它很快便挣脱了枷锁；老一套的表达让位于一种个人表达，艺术家作为个人从匿名性中脱颖而出。短短几百年，宗教艺术就成了多个流派中间的一种，而不再是赋予所有绘画以意义和方向的东西。每一种文明都有一个自我知觉的谱系，从作为更大整体一部分的意识到一种对事物更加个人的体验。在外向的欧洲，个人主义一极要比在别处更强。

144　　　在科学革命中也可以看到这种个人主义的自我意识。下面是三段引文：

　　　　的确，我们的声誉始于我们自己，要想得到高度评价，必

须首先高度评价自己。(伽利略·伽利莱)①

[……]如果我年轻时人家就把我多年来没法加以证明的那些真理全部教给了我,学得一点都不费力,大概我是绝不会知道什么别的真理的,至少在寻求新的真理的时候绝不会总是那样熟练和得心应手。总之,如果世界上有那么一种工作,由原班人马一直干到底不另换人可以完成得更好,那正是我所致力于的这一种。(勒内·笛卡儿)②

我发现没有人比我更适合看到真理。(弗朗西斯·培根)③

1600 年至 1640 年间,经历了革命性转变的三种自然认识方式的所有这些先驱者们都有狂妄自大的特点。无论其他方面如何不同,他们都对自己和自己的使命自信满满。他们的革命不仅体现在我们在本章中简要讨论过的内容上的革新(这本身已经很重要),他们还追求更多的东西。他们每个人都有自己的纲领,把人类指向了完全不同的未来。因此,对他们而言,我们完全可以谈及世界的重新创造,因为他们发展出了一种新的"实在论的-数学的"自然认识方式,阐明了运动的物质微粒的机制,并且用实验来揭示自然的隐秘属性,从而为航海和医学等等指明了新方向。此外,这三个人的工作还对世界观产生了巨大影响。我们现在就来考察这些影响。

---

① Galileo Galilei to Belisario Vinta, 19 March 1610: *Opere* X, p. 298.
② René Descartes, *Oeuvres* VI, p. 72 (*Discours de la méthode*, part 6).
③ Franc is Bacon, *Works* III, p. 518.

第四章　克服危机

1608 年,荷兰光学仪器商汉斯·利伯希将一个凹透镜和一个凸透镜彼此分开一定距离,并用一个管筒把它们包围起来。然后把凹透镜放到眼前,远处的物体就会被放大,仿佛近在眼前,甚至连肉眼看不见的非常遥远的东西都可以看到。关于这一发明的消息不胫而走,并于 1609 年夏天传到帕多瓦。那里有位数学教授,是最早想到把这种配有透镜的管筒对准天空的人之一。

伽利略的想法绝非理所当然。在我们今天看来,自然现象之丰富显然远远超出了我们用肉眼所能观察的程度,从我们身体内部的细胞,一直到浩渺太空中的无数星系。虽然观测或计算得到了仪器的支持——第谷·布拉赫对仪器作了改进,并且制造出了最好的仪器——但由此只能把业已知晓的对象的属性记录得更加精确而已。没有人能够预见到,宛如淡淡薄纱横跨夜空的银河,如果仔细观察,竟由数百万个星体聚集而成。没有人能够预见到,木星竟会有卫星围绕旋转,土星两侧会有奇怪的隆起,月球表面布满了环形山和山谷。伽利略则发现了所有这一切。当伽利略 1610 年初发表这些发现时,整个欧洲为之轰动。这份配有精彩插图的描述事实的报告名为《星际讯息》(*Siderius Nuncius*)。伽利略由他的望远镜观测得出了一些重要推论。

　　首先,这些发现使伽利略有机会离开帕多瓦。在此之前的18
年里,他已经通过实验、推理和检验为一种全新的"实在论的－数
学的"自然认识方式确立了基础。他深信自己的方法优越于传统
的自然哲学。现在,他自认为是一位数学哲学家。然而,数学哲学
家并不是一种社会角色,有数学家,也有哲学家,但两者之间存在
着鸿沟。因此,伽利略的哲学家同事无法想象一个数学哲学家会
是什么样子——数学与实在难道不是一向彼此独立的吗？恰恰是
因为哲学家要与自然实在打交道,而数学家只会用那些什么都无
法解释的虚构模型算来算去,所以哲学家所挣的薪水要远高于数
学家。伽利略很想证明自己是正确的,但他那些同事却因为缺少
共同主题,甚至无意参与他为证明那种新的数学自然认识方式的
正确性而极力主张的辩论。此外,伽利略对自己较低的薪水也不
甚满意。于是,伽利略利用其望远镜观测的机会向托斯卡纳大公
透露,他打算在即将出版的著作中以其家族的名字来命名木星的
卫星。经过长时间的商议,科西莫二世·德·美第奇接受了这个
建议。于是,在《星际讯息》中不仅有点缀着巴洛克式绘画的致大
公的献辞,而且那些卫星也经常被称为"美第奇星"。

　　伽利略也得到了回报,他作为宫廷数学家回到故乡为大公服
务。而且不只是作为宫廷数学家;他特别强调,他的正式职位应被
称作"哲学家和数学家"①。现在,他已经与哲学家平起平坐,哲
学家不能对他置之不理了。他现在也是一位哲学家,尽管这位哲

---

　　①　在《对话》(Florenz 1632)的扉页上,他称自己为"哲学家和数学家"(e Fi-
losofo, e Matematico)。

学家的类型尚未明了。此外,他还拥有宫廷的支持和更为丰厚的收入。

自然认识与宗教世界观

实际上,伽利略在罗马受到了极大的关注,他1611年的罗马之旅大获成功。罗马学院的耶稣会神父们接待了他,他们全都是知识渊博的天文学家,在老克拉维乌斯的领导下用望远镜重新检验和确证了他的观测结果。这对伽利略很重要,因为甚至连他本人也不清楚望远镜到底是如何运作的。有人甚至拒绝透过这种仪器去观看,声称其效果可能是源于一种光学幻觉或魔法。这并非完全没有道理。但克拉维乌斯以及宫廷数学家开普勒的公开支持很值得重视。

与此同时,他与之前比萨大学哲学家的争论也实属不易。这其中涉及到一个典型的问题,阿基米德与亚里士多德对此曾经提出过非常不同的看法,但此前,这种分歧一直没有讨论过。阿基米德用抽象的数学方法推导出了物体在液体中漂浮或下沉的条件。他的断言根本不符合亚里士多德对轻重以及联系物体形式对漂浮的看法。但是现在,1611年,一个天真的问题使这两种观点发生了冲突。在一次盛大的午餐会上,有人想知道冰为什么会浮在水上。对此,这位宫廷的数学哲学家提出了一种与大学哲学家完全不同的解释。伽利略把阿基米德的定理应用于实在,把这种现象归因于比重的不同——冰冻使水变得更稀薄,从而更轻。其亚里士多德主义对手则把冰的漂浮归因于冰的形式,并相信可以用自己的手段使伽利略难堪。伽利略赞成用实验验证吗？乌木显然比水更重，如果伽利略是对的，那么乌木片必定会下沉。这个实验的结果会怎样呢？

双方都有很大风险。

如果伽利略是正确的，乌木片果然沉到了底部，那么亚里士多德整个宏伟的理论大厦就将轰然倒塌。毕竟，倘若比重是决定性因素，则重和轻将不再如亚里士多德所说是绝对的对立。关键要看物体有多重。这样一来，认为运动趋向于自然位置的整个理论就崩溃了，亚里士多德关于变化是目的的实现的看法也将站不住脚，其整个自然哲学的核心也就瓦解了。那种赋予亚里士多德学说以伟大力量的东西，即与日常经验的内在关联和一致性，现在又转而对它构成了威胁：只要从稳固的建筑物中抽出一根梁，它就会整个倒塌。亚里士多德主义者都是训练有素的逻辑学家，他们很清楚这种危险。他们之所以会在这个问题上与伽利略顽强论战，只能部分归因于在他们看来，伽利略把数学与实在关联在一起的方式是如此地不合情理。事实上，所有那些使数学自然科学的认识结构及其三个不同的实在层面难以理解的东西都是如此。那些博学的学者也很清楚，他们的理智灵魂和救赎，还有他们的收入来源，都牢牢系于一系列原理之上，这些原理是否站得住脚将取决于一块乌木片在水中的表现。倘若它果真浮在了水面上，那将是怎样一种解脱啊！

随着实验的进行，伽利略很不走运。乌木片尽管比重较大，但并没有下沉，其中的原因他并不知晓，也不可能知晓，那就是水的表面张力。于是，他必须竭力想出某种曲折的理由来脱身。然而，如果在第一次这样的努力中就被逼入守势，他如何还能向人们灌输那种坚定的信念，即数学是解释自然的钥匙呢？幸运的是，他的新职位使他有机会让教授先生们自作自受——木星的卫星使形势发生了根本逆转。

149　　1611/1612 年的这次有些好笑的争论必然使伽利略决定今后以不同方式来包装他的"实在论的－数学的"自然认识方式。为此，他转向了哥白尼。我们并不知道他具体何时成了哥白尼的支持者，也不知道是什么使他确信地球在绕轴自转和绕太阳公转。1597年，他在回复开普勒的第一封信时说，他们都支持哥白尼主义，但他对自己的哥白尼主义秘而不宣。直到 1612 年，他都信守着这个承诺。至于他此后能够一跃成为哥白尼学说的伟大捍卫者，甚至发起了一场运动，以使尽可能多的人特别是天主教会相信地球的双重转动，则至少有三个原因。

　　原因之一是他的望远镜观测。在伽利略作出这些观测之前，没有任何经验事实表明地球在转动。支持地球转动的人可能会指出行星结构与相对于托勒密世界图景的其他简化之间的更强关联。他可以提出自然哲学论证作为证据，也可以尝试反驳那些基于常识的明显反对意见。但所有这些只不过是一些论证，实际证据尚付阙如。伽利略的望远镜观测一举改变了这种情况。除了抓住机会进入佛罗伦萨宫廷，这是他的观测所承诺的第二个结论。月球上有环形山和山谷，因此月球看起来很像地球，而不是一个从不变化的完美的水晶球。和地球一样，木星也有卫星，因此，拥有卫星并不意味着不是行星。很快，伽利略也发现太阳有斑点，所以它也不完美。1610 年底，伽利略观察到金星和我们的月球一样也有位相——这在托勒密体系中是根本不可能的。简而言之，伽利略找到了一套强大的证据。他甚至相信，哥白尼假说的真理性已经完全得到了证实。但是他错了，而且带来了灾难性的后果。

伽利略之所以会发起一场支持哥白尼的运动，另一个原因与乌木片实验的惨败有关。尘埃落定之后，伽利略选择了地球的转动，要想支持那种他真正关心的"实在论的－数学的"自然认识方式，这是一种更为适当的工具。虽然其复杂的认识结构显然是一种障碍，只有业内人士才能克服，但哥白尼的行星体系，特别是以第一卷中的简化形式出现、并且扩充了伽利略新的运动观念的行星体系，却以任何受过大学教育的人都能够理解的方式体现了数学作为理解自然实在的钥匙的新观念。

于是，直到哥白尼逝世和他的著作出版大约70年之后，哥白尼本人小心翼翼避开的世界观问题才引起注意。他没有意识到，地球的双重转动不仅意味着与亚里士多德自然哲学的彻底决裂，而且意味着与任何其他自然哲学的彻底决裂。假如地球不再是宇宙的静止中心，而只是围绕太阳运转的六颗行星之一，那么，陆地、海洋和大气中永远在变的东西与完美不变的天界之间的二分还能剩下什么呢？事实上，整个宇宙都有陷入混乱的危险。哥白尼已经注意到，假如地球每年绕太阳运转一周，那么观测者拿着量角器就可以确定某颗恒星春天与地平线所成的角度应当不同于它在半年后的秋天与地平线所成的角度，因为那时地球将位于太阳的另一侧。然而，这种差异当时还不可能观测到。哥白尼用一个解释摆脱了这一困境，现在回想起来它是正确的，但当初并不是很有说服力。他说，地球与恒星的距离太远，所以看不出角度的差异。他

150

声称，外行星土星与恒星相距极为遥远，以至于在恒星上看，整个地球轨道宛如一个小点。太空的广袤把哥白尼从论证的困境中解救了出来。正是由于诸如此类的原因，第谷拒不承认地球的转动。但我们也可以朝另一方向进行论证。倘若地球果真是一颗行星，那么一种前景便会展现出来：宇宙不仅要极度增大，甚至可能是无限的。16 世纪末的修士布鲁诺便以一种带有强烈魔法色彩的世界图景冷峻地推出了这一结论。他甚至宣称宇宙中存在着无数个像我们这样的太阳系。这并不是说伽利略会赞同这种假说，他本人始终认为宇宙是有限的。但重要的是，正是这个用令人信服的理由和 / 或实际观测宣扬了地球转动的人，开启了一个真正的潘多拉的盒子。

1613 年，大公家族也开始认识到这一点。毕竟，他们把自己的名字与木星的卫星联系在一起，而现在，木星的卫星对于判断地球是否静止于宇宙的中心是有影响的。美第奇家族也许想知道伽利略是如何看待《圣经》中关于约书亚的故事的。这位摩西的继任者正竭力为一座被围困的城市解围，此时太阳正要落山。神施行了一个奇迹，让太阳停住不动，从而使约书亚能够如愿战胜敌人。但这当然只是一个奇迹，在正常情况下，太阳只会绕地球旋转，而不是相反。《圣经》中还有一些段落直接断言或至少暗示地球是静止不动的。那么，哥白尼的假说能够与《圣经》相容吗？

早在公元 4 世纪，就有人针对地球的球形提出过这样的问题。最具影响力的教父奥古斯丁曾经这样回答：不能把《圣经》当成一本天文学教科书。编写《圣经》的人根据当时流行的看法对自己的语言习惯做了调整，这没有什么问题，因为我们最终的得救并不取决于地球的形状。我们不应从字面上理解那些关于扁平地球的段落。

伽利略在给其雇主的半公开书信答复中所引证的正是这种类型的圣经解释。他在信中承认，允许对《圣经》中的段落做这样一种非字面的解释是教会权威的事情。他也知道，不能这样简单地怀疑神的话。但他认为，在这方面，教会教义的维护者应当咨询专家，因为只有后者能决定天地的位置及其物理性质是什么样的。谁是这些专家？是数学哲学家（用现代的话说就是自然科学家）。倘若他们已经表明，地球是围绕太阳转的，而不是相反，那么教会就不应固守已经过时的观点。然而，教会却冒险利用整个救世说及其出身于神的启示的道来对讨论施加压力。

伽利略是天主教会的忠实子民，没有任何理由怀疑其信仰的真诚。不仅如此，这场争端之后的 400 年充分证明，他非常清楚地认识到这样做会给他的教会带来很大危险。但尽管如此，他还是在陈述中声称拥有最终的发言权。由此，神学家便降格为"数学哲学家"关于神的话语是否应当从字面上来解读的判断的执行者。而当时的"数学哲学家"只有一位。

毫不奇怪，佛罗伦萨的神职人员在听说伽利略写了"致公爵夫人的信"之后，立即向罗马提出抗议。于是，受教皇委派维护教会教义的贝拉闵红衣主教自然要求伽利略提交证据。地球转动作为虚构模型可以很好地为天文学家服务，这一点没有什么好说的，但绝不能毫无根据地引出一种对《圣经》的重新解释，认为实际情况真像他所宣称的那样。

现在是 1615 年。此时，伽利略本可以退缩。耶稣会士罗伯托·贝拉闵是宗教裁判所最高级别的成员之一，曾经参与对布鲁诺的火刑判决（尽管这与布鲁诺认为有无数个太阳系的观点无关）。通过与罗马学院的耶稣会士进行接触，贝拉闵很清楚地球转动有什么好处，以及对它的反对意见是什么。假如伽利略坚持那种不成问题的看法，即认为地球转动仅仅是一个虚构的计算模型，那岂不是更好吗？但他所发起的整个运动都是围绕着地球转动的实在性而展开的，只有这样，他才能传播自己的核心观念，即实在的数学本性。现在要让这场运动停下来，那可不行。同时，双方都原则上同意，在解释《圣经》时必须保持一定的谨慎。至于剩下的地球双重转动的"证据"问题，伽利略可以间接理解贝拉闵所说的"证据"到底是什么意思。支持地球转动的论证本身并不比当时支持地球球形的那些论证更糟糕。那么，为什么不干脆邀请这位红衣主教也以同样方式来处理地球转动呢？此外，伽利略也清楚地知道，教会内部对于圣经解释有不同看法。长期以来，对于级别较低的神职人员偏爱按照字面来理解《圣经》中的每一个词，并非所有高层神职人员都赞同。总而言之，形势很不确定，伽利略越是接近"关于地球球形的讨论"的先例就越好。

　　1615/1616 年发生的悲剧在于，双方都没有按照形势的要求保持足够的谨慎。伽利略确信自己拥有无可辩驳的证据。他——错误地——认为，之所以会定期出现潮汐，是因为地球同时作周日和周年的转动。伽利略没有听从罗马的托斯卡纳特使和贝拉闵红衣主教的建议（他们很了解教皇），而是去了罗马，试图说服教会相信他是对的。一连数月，他遍访红衣主教。凭借着自己的语言才华和傲慢自负，他固执己见，与人辩论，既为自己赢得了支持者，也树立了劲敌。他未与贝拉闵商谈便获得了教皇本人的召见。只可惜，教皇是一个对现代学术充满不信任的职业外交家。他惊愕于伽利略希望教会赞同地球转动，遂成立了一个委员会。在一个星期之内，就像在一场真正的悲剧中那样，伽利略适得其反。正是伽利略本人的斗争促使教会在70年之后采取了一种违背他初衷的强硬立场。现在，第一次有一个仓促写就的不智法令明确判决，地球的双重转动违反了《圣经》，是荒谬的。

此外，该法令还导致了多种限制。伽利略被要求不得再继续宣传哥白尼的学说；不过这种处置是私下作出的，公众并不知情。此外，哥白尼的著作也被列入了禁书目录，不过大体上没有变化。最大的倒退是，现在耶稣会士必须坚持官方学说：无论金星是否有位相，他们都必须坚持地球静止不动这一立场。连中国的耶稣会士也感受到了它的负面后果。

又过了7年，教皇逝世，继任的是伽利略的朋友和仰慕者乌尔班八世。乌尔班八世的六次接见使伽利略获得了这样一种印象：只要明说不是把地球转动当成事实，而是当成一个有用的假说，他就可以继续进行研究。这位新教皇强调，全能的上帝毕竟可能以完全不同的方式安排事物，我们人类根本无法参透。

于是，伽利略又重新发起了他的运动。在《对话》中，伽利略让他自己的代言人为简化的哥白尼体系作辩护，让一个头脑简单的自然哲学家的讽刺形象代表亚里士多德的世界图景，而让一个聪明的门外汉提出富有洞察力的问题。这是一部科学和文学的杰作，今天读来依然能获得享受：读者几乎不需要什么预备知识，就能体会到隐藏在字里行间的深刻思想。在四"天"中的第一天，伽

155

利略运用他的望远镜观测攻击了亚里士多德的世界图景。第二天,他反驳了针对地球周日自转的反对意见,并且发展了他关于运动和运动保持的新观念。第三天,他反驳了针对地球周年运转的反对意见。第四天,他以对潮汐的详细解释结束了整部著作。在临近结束时,他仍然不失时机地借那位头脑简单的亚里士多德主义者之口说出了教皇最喜爱的论证,并让被这种"妙极了的真正天上的学说"①弄得无言以对的对话者连连称是。

教皇大发雷霆。他成立了一个调查委员会,该委员会如实禀告说,伽利略只是假装有充分的理由既支持地球转动,又支持地球静止,而事实上,他仅仅主张哥白尼的观点是正确的。毫无疑问,伽利略已经违背了 1616 年被迫作出的承诺。于是便发生了 1633 年的审判丑闻。在宗教裁判所的心理压力下(他的肉体从未受到折磨),时年 69 岁的伽利略宣誓放弃他的哥白尼主义信念。1616 年的法令现已公开,审判的轰动性已足以对所有服从教会权威的人具有绝对的约束力。

后果是严重的。就伽利略本人而言,结果还算不错:他被软禁在佛罗伦萨附近的一个小村庄,每日还要念玫瑰经祷告(很快他就把这件事委派给了他做修女的女儿)。除此之外,他并没有受到更多的人身限制。不过,他的著作无法继续在意大利出版。他成功地把《谈话》偷运出境,使之在比较自由的新教的北荷兰出版。审判过去两年后,一家新教出版商甚至出版了带有冒犯性的《对话》的拉丁文译本。但在意大利,自然研究在很大程度上是规定好的,

①　Galileo Galilei, *Opere* VII, p. 489 (*Dialogo*).

只能是那些没有明显世界观内涵的研究才有机会进行。在意大利以外，其后果也能感觉到。勒内·笛卡儿那部表述"雅典加"哲学的标题朴素的手稿——《世界》(*Le monde*)便是一例。1633 年，就在该手稿已经取得很大进展的时候，他得知了审判的消息。他立即停止写作，把手稿锁进抽屉，直到他死后才重见天日。笛卡儿和伽利略一样是天主教徒，但他在北荷兰生活和工作，因此宗教裁判所不会直接找他的麻烦。那他为什么要作这种自我审查呢？

　　笛卡儿清楚地知道，由他的著作可以引出很强的世界观推论。他在《世界》中描绘的世界是一个无限的、充满了像我们这样的太阳系的世界。我们知道，他的出发点是：上帝用物质微粒创造了世界，这些微粒依照固定的法则运动并形成涡旋。他在《世界》中表明了由此可以得出一个什么样的宇宙。此外，他还优雅地处理了伽利略和其他一些同时代人通过望远镜观测所获得的新认识。所有这些都基于他的一种观念，即存在着两种实体——"有广延的东西"(*res extensa*)和"思想着的东西"(*res cogitans*)。后者专属于人。亚里士多德和其他自然哲学家区分了三种灵魂：植物有一种植物灵魂，动物多出一种动物灵魂，人则还要多出一种理性灵魂。笛卡儿把前两种灵魂一笔勾销，从今以后，植物和动物都属于有广延的东西。甚至人在很大程度上也属于有广延的东西。不仅植物和动物是物质微粒的聚合体，连人的身体机能也是机械的，遵循着相同的运动定律。在《世界》中，笛卡儿专辟一章把人描述成一台机器，上帝把它与思想着的东西即我们的不朽灵魂联系在一起。

　　在藏起这部未完成的处女作之后，笛卡儿开始思考如何才能 157

把自己对世界的看法公之于众。这在他看来至关重要，因为他的最大抱负就是充当新的亚里士多德。他深信自己独树一帜的自然哲学是唯一正确的东西，因为只有他明白如何从某些绝对确定和不容置疑的原理将其推导出来。自古以来，他的竞争者们也曾这样自诩过，但古代已经有怀疑论者提出了质疑，而所有竞争者都无力回应怀疑论者对其理论基础的反驳。为了方便起见，柏拉图主义者、亚里士多德主义者、斯多亚派和原子论者都假装好像从未有过这些反驳。因此，战胜怀疑论这条巨龙非常重要。为此，这位圣乔治配备了一部名为《沉思》（*Meditationes*）的形而上学著作，试图把手稿的核心思想带到安全的避难所。《世界》的愿望落空之后，笛卡儿便把《沉思》当成了一个不可缺少的中间步骤。

怀疑论批判通过详细地论证表明，我们知识的两个来源，即理智和感官，都可能以各种方式欺骗我们。我们永远无法确定地知道，通过理智所得出的结论以及我们的感官所提供的信息是否是正确的。因此，我们只能把最终的判断悬搁起来。笛卡儿的天才之处在于把怀疑论的批判进行到底，甚至走出了怀疑论者从未走出的一步。他发明了著名的恶灵（*malin génie*），这个恶灵千方百计要欺骗我们。在这种激进的怀疑中，一切事物都灰飞烟灭了，整个世界和世间万物都被设想为不存在，没有什么留下来。果真没有什么留下来吗？有的。我在怀疑时无法否认，这种思想着的怀疑是由我作出的。"我思，故我在"，连最彻底的怀疑也不能逃脱这个论断，无法设想这个正在怀疑的我不存在。就这样，笛卡儿最终找到了具有无可置疑的确定性的基石。接着，他需要基于这块不可动摇的基石建造重回这个世界的桥梁。然而此时，该世界已经完全不同,它不再是那个不带偏见的知觉的世界,而是一个由有广延的东西和思想着的东西组成的世界。在笛卡儿看来,回到这个世界的道路是数学。

对笛卡儿而言,数学在三个方面有特殊的意义。他是一位天才的数学家,是历史上的伟大革新者。他的工作极大地促进了几何与代数的统一。他在一部名为《几何》(*La Géométrie*)的论文中迈出了这一步,1637 年,这篇论文与讨论光的折射和大气现象的另外两篇论文一同问世。这三篇论文之前是对其自然哲学的简要通告,题为《方法谈》(*Discours de la méthode*)。由所有这些内容编成的一本著作是笛卡儿作为评论家的首次亮相。他想看看自己在伽利略受到判决之后还能走多远。另外两篇论文显示了笛卡儿在数学的自然认识方式方面所做出的成就。他没有按照伽利略的革命性方式去做,而是遵循了古典的亚历山大风格。他最先发表了折射定律,托勒密虽然没能发现这条定律,但伊本·萨赫勒以及在笛卡儿之前不久的哈里奥特和斯涅耳都发现了它。在笛卡儿这里,就像在先前的伊本·西纳等人那里一样,自然哲学和数学自然认识也分属不同的领域,它们彼此之间几乎没有影响,在某些方面甚至还相互冲突,笛卡儿并未试图解决这一冲突。与此同时,数学在他的"雅典加"自然哲学中还扮演着第三种角色:在他看来,数学是确定性知识的最佳范例。

早在耶稣会学校的数学课上,从一个命题推到另一个命题所达到的完美确定性就给笛卡儿留下了深刻的印象。但这是如何可能的呢?是什么使数学成了一种在安全性上万无一失的工具?多年以后,笛卡儿得出结论说,其原因在于数学所特有的那种"清晰分明的"（*clair et distinct*）论证。现在，如果他从在"我思"中找到的那块确定性基石出发，清晰分明地论证下去，那么他就能够以无可置疑的确定性经由理智推出整个世界。只有当他用自上而下的方法下降到个体自然现象的层面时，才可能产生不确定性：上帝可能以种种方式创造出种种细节，只有经验观察能够告诉我们他实际上是如何做的。对于其余情况，世界都能够以无可置疑的确定性确定下来。这便是《沉思》的作者在前言中通过一项思想练习所得出的惊人结论。在《沉思》前言的开篇，笛卡儿向所有读者提出了一项诱人的要求，即在我们的一生中至少作一次追问，看看我们信以为真的一切事物是否的确为真。

　　在确立了这一基础之后，笛卡儿认为只需再有一样东西，就可以公布其整个自然哲学了。教会谴责了地球的双重转动，笛卡儿绝不想陷入同教会的冲突。于是，他想出一个办法：只要宣称地球本身并不运动，只是涡旋拖曳着地球在太阳系中穿行，便可以规避这个禁止讲授地球双重转动的禁令了。假如笛卡儿为此想不出一个恰当的理由，他就不成其为笛卡儿了。1644 年，他的主要著作终于出版，他自豪地称之为《哲学原理》（*Principia Philosophiae*）。

　　但是随后，笛卡儿还是与教会的一个主管机构发生了冲突。不过，与他发生冲突的不是他本人所在的天主教会，而是一个名叫海斯贝特·富蒂乌斯的极端正统的加尔文派牧师。富蒂乌斯是荷兰"第二次宗教改革"的领导者。这场运动希望把共和政体改造成一种神权政治，排斥所有其他宗教派别，统治者降格为牧师们之前设计的政策的执行者——一种 17 世纪的阿亚图拉式政权

（ayatollah regime）[①]。此外，富蒂乌斯还是新创立的乌得勒支大学的校长，笛卡儿当时正住在乌得勒支。可以说，这是一场虚假的战斗，因为笛卡儿的弟子亨里克·雷吉乌斯教授愿意代表他走上擂台，当然也遭到了打击。对笛卡儿来说，后果并不严重，站在富蒂乌斯一边的乌得勒支市议会还管不到这么远。此外，为了谨慎起见，法国大使还在总督弗里德里克·亨德里克亲王那里为笛卡儿说情。这一事件的重要性隐藏在别处：它既是 17 世纪 40 年代"亚历山大加"和"雅典加"在欧洲大陆陷入的一场合法性危机的一部分，也是其征兆。

合法性危机

　　显然，主要由伽利略和笛卡儿借助论证的力量引起讨论的世界观的革新不仅有热心的支持者，也有坚定的反对者。最终支持者占据了上风。如果不考虑这些先驱者之后的那段时期，那么可以说，由这一革新所奠基的现代科学一直保持至今，而且仍在继续发展。然而从 1645 年到 1660 年，新思想却命悬一线，我们现在就来看看这是怎么回事。

　　首先，我们来看看革新者（首先是笛卡儿，但也包括伽利略和开普勒）在海斯贝特·富蒂乌斯教授那里所引起的恐惧：

---

　　① 阿亚图拉，伊斯兰教什叶派中高级的宗教权威，被追随者视为同一年龄层中最博学的人。——译者注

一旦"实体形式"[亚里士多德学说的核心]的本质和存在遭到否认，人的精神就会陷入虚荣心、怀疑论、为所欲为和相互争斗的倾向，没有什么能够阻止他宣称：没有灵魂，没有人在子宫中的生殖孕育，没有风，没有光，没有三位一体，没有基督的道成肉身，没有原罪，没有奇迹，没有预言，没有神的意识在人的精神和意志中的觉醒，没有人凭借神的恩典复活，没有魔鬼在人的身体和精神中运作。[①]

161　　简而言之，倘若失去了亚里士多德学说的核心，世界就会变得完全不可理解，基督教最重要的教义也会被剥夺。

这怎么可能呢？像富蒂乌斯这样一位虽然吹毛求疵，但又极为机敏，既学识渊博，又精通神学的学者，怎么可能毫不脸红地宣称，亚里士多德的学说不仅依赖于自然的可理解性（对此我们还可以想象），而且还要依赖于基督教信仰的基础呢？

这是因为，托马斯·阿奎那于 3 个世纪之前在亚里士多德和耶稣之间成功地锻造了一种联盟。这种联盟不仅存在于抽象层面，即把上帝的全能与亚里士多德的倾向美妙地调和起来，而且只有当我们能够阐明为什么一种现象只可能是这样而不可能是别的样子时，才能认为这种现象得到了充分解释。尤其是在罗马天主教教义中，这甚至与弥撒的核心部分有非常紧密的关联：葡萄酒和饼实际变成了基督的血和肉。用"变体"（trans-substantiation）这

[①]　A. C. Duker, *Gisbertus Voetius*, 4 vols. (Leiden: Brill, 1897—1915), vol. II, pp. xlv—xlvi.

个不折不扣的亚里士多德概念来描述它并非毫无道理：虽然酒和饼的偶性没有变化，但实体本身已经改变。至于这如何可能出现在笛卡儿的自然哲学中，问题是显而易见的。现在你当然可以说，这是毫不相干的，因为启示的真理不需要证明。但在宗教尤其是一神论宗教的历史上，情况并非如此。如果没有能用理智理解的理由，就无法赢得大多数有教养人的支持。

结果，在自然哲学与宗教之间关系非常紧密的基督教欧洲，对自然哲学的攻击很容易被视为对宗教的威胁。现在，这种攻击来自两方面：一是那种奇特的"数学哲学"，伽利略打着地球双重转动的荒谬旗号，想用它来取代传统的自然哲学；另一方面则是一种新的自然哲学，它在笛卡儿的工作中表现为一种取代一切旧事物的方案，具有无可置疑的确定性。

这不仅使传统自然哲学对基督教信仰真理性的支持受到损害，而且还涉及《圣经》的解释问题。是应当时时处处遵循神的字面意思，还是在某些时候可以偏离？这个问题我们在讨论伽利略与天主教会的冲突时已经看到了。

还有灵魂不朽的问题以及与之密切相关的人与动物的根本区别问题。保守者有时会比革新者更敏锐地看到他们的革新——无论是否有意——会导致什么后果。笛卡儿从来没有理解富蒂乌斯等人对其虔诚性的怀疑究竟缘何而来。在《沉思》中，笛卡儿甚至提出了一个关于上帝存在的无可辩驳的新证明！他严格区分有广延的东西和思想着的东西，难道不正是为了强调我们不朽的灵魂，将其与非理性的动物尽可能精确地划清界限吗？富蒂乌斯比笛卡儿本人更敏锐地看到，现在只需要一小步，就立即可以把与我们的

162

身体松散模糊地关联在一起的思想着的东西从宇宙中剔除。无意中或者是疏于觉察，笛卡儿距离一种唯物论的世界图景已经不很遥远，在这一世界图景中，不朽的灵魂和拥有绝对权力的上帝再也没有了位置。笛卡儿不是斯宾诺莎，但富蒂乌斯看到，可以说斯宾诺莎已经若隐若现——到一定时候必定有人会从笛卡儿的学说中引出无神论推论，这些推论可能连作者本人都没有意识到。

笛卡儿持续怀疑的过程也是如此。他确信，怀疑论者已经被彻底击败。但同样只需要一小步，就可以用怀疑论来攻击"我思"。事实上，笛卡儿恰恰宣告了一种更强大以致更危险的怀疑论的复活。不仅如此，笛卡儿要求我们一生中至少彻底怀疑一次被我们当作真实的东西，这最终会导致什么后果？所有人都只是依靠自己的力量去思想吗？虽然笛卡儿本人及时把这种令人困扰的怀疑消解于其自然哲学新的确定性之中，但与此同时，他难道不是用自己的思想向别人暗示，应当拒绝服从任何权威，特别是理智的权威吗？世界终将变成什么样子？

此外，笛卡儿在其自然哲学中描述的到底是一个什么样的世界呢？在那里，宇宙就像一座机械钟，受制于无情的规律性和固定不变的自然定律。那么，在一个充满了四处旋转的物质微粒的无限宇宙中，人这种微不足道的思想着的东西还能剩下什么呢？

诚然，富蒂乌斯与笛卡儿的冲突几乎没有显示出什么直接影响。笛卡儿仍然安然无恙，甚至连出版书也没有受到阻止。正如我们所看到的，伽利略的结局也不算悲惨；虽然他生命中的最后九年是在软禁中度过的，但其著作仍然可以公开出版，尽管在他自己的国家还不行。

如果我们更仔细地考察这两次冲突的过程尤其是"结局",那么就会发现,它们并非因为我们方才逐项考察的棘手的世界观问题而决出胜负,而是为了能用法律的语言写下来什么。针对伽利略的整个审判仅仅涉及一个问题,即他的《对话》是否违反了 16 年前作出的不再继续宣传地球转动的禁令。没过多久,在乌得勒支,人们也开始就一些不太重要的问题进行争论,比如某本小册子的作者是谁。此外,在两次审理中,世俗机构都有相当的发言权。宗教裁判所当然是一个教会机构,但教皇本人既是教皇国的统治者,又是伽利略的雇主托斯卡纳大公的同僚,所以他可能无法随心所欲地对待受后者保护的人。在荷兰,不仅乌得勒支市议会,而且(令笛卡儿大为失望的是)还有其他地方的权力机构,更愿意维护安定和秩序,而不是使他的对手停止恶劣行径。1657 年,笛卡儿遗著的出版在法国再次引发了一场持续数十年的类似冲突。其追随者最后甚至与国王和巴黎大主教争吵了起来,我们再次看到了同样的模式:不是就其最终涉及的世界观问题进行讨论,而是转而纠缠于法律细节。冒犯一方所受的威胁最多也就是损失一个教授职位。根本没有监禁或处决这回事。有争议的书籍仍然能够出版,即使不在法国本土,也会在北荷兰,尽管有时会作出某种象征性的改动。

这到底是怎么一回事?为什么每一次都会放这样的烟幕弹?

首先,这一切都反映了欧洲的分裂。欧洲分成了许多由君主统治的主权国家,君主并不同时担任宗教领袖。他们与教会当局分享权力。在一个世界帝国中(一个不为任何东西负责的、拥有至高无上权力的、兼具世俗和宗教的统治者将它变成了一个政治统

164

一体），人们可能会对伽利略和笛卡儿这样的人采取断然措施。但在欧洲，这些先驱者的冒犯性观点会留存下来，而且继续以书的形式出版。那么，严肃地谈及"合法性危机"难道不是太重了吗？我们真的可以说，在上述情况下，新出现的革命性的自然认识方式可能会丧失在社会中的根基吗？1050年左右，伊斯兰文明中发生的各种类型的事件引发了一场普遍的合法性危机。一系列入侵使伊斯兰文明发生了内转，几乎没有为自然认识留下多少空间。而在欧洲，新观念的冒犯之处也有类似的后果吗？

165　　这的确是事实，上述冲突绝非小题大做，其后果远远超出了其主要参与者及其出版物的未受伤害。就自然科学而言，与整个17世纪相比，大约从1645年至1660年这15年是最不多产的时期，这并非没有原因。现在回想起来，它就像是一段短暂的萧条时期。从当时来看，你会感到发展迅速失去了活力，革命性创新似乎突然陷入停滞。但这是由于那种合法性正在丧失吗？是由于大家普遍感觉到，伽利略、笛卡儿等革新者的观点是如此怪异和亵渎神灵，以至于在一个体面的社会里不可能被容忍吗？

　　这个问题可以用三个关键词来回答：审查、自我审查、隐约可见的所有人反对所有人的战争。

　　此前我们已经看到了欧洲的分裂所产生的正面影响。无论是在欧洲国家内部，还是在欧洲国家之间，都有各种类型和程度的权力分割以及相互斗争的机构，它们共同确保了新的冒犯性观念不会一下子遭到根除。但在这一时期，权力分割和相互敌对的形势几乎称得上是一场欧洲内战。我们可以更详细地谈一谈。自16世纪初的宗教改革以来，欧洲就一直受到宗教战争的蹂躏。三十年战争与哈布斯堡王朝力图统治整个欧洲大陆密切相关,宗教战争已经完全失控。从 1618 年到 1648 年的这场战争使德国四分五裂,满目疮痍。后来又有其他大国卷入进来,每一个国家又要处理国内的叛乱(在英国则是实际爆发的内战)。40 年代有可能会爆发一场所有人反对所有人的战争,从而使欧洲陷入混乱和无政府状态。

自从希腊遗产在 15 世纪中叶复兴以来,近 200 年的时间里,在意大利、奥地利和德国南部、法国、英国、荷兰以及有限范围的伊比利亚半岛都建立了从事自然认识的中心。我们现在分别考察其中的每一个地方,看看此间从事自然认识方面革新力量的情况如何。

关于奥地利和德国南部的情况,我们可以很简短地概括。三十年战争使整个地区陷入瘫痪。直到 17 世纪下半叶才又出现了一些值得一提的文化活动。

在意大利,对伽利略的审判使宗教裁判所力争反对一切可能违反信仰的东西。1616 年的法令使耶稣会士不再能够不受约束地从事研究。伽利略运用事后看来很致命的各种花招手段,为地球的双重运动作了热情的辩护。1633 年的审判过后,这也随之而过去。只有在涉及“抽象的 - 数学的”或者纯粹实际的东西时,伽利略所宣扬的革命性创新才可能得到进一步发展。一旦可能得出世界观的推论,更高的机构就不可避免会进行干预。当然,隐蔽小径总是有的,但在这种情况下,真正的革新所必需的无偏见性却已经丧失了。

这使得新的思想不仅在意大利无法继续发展,而且在宗教裁

166

判所能够限制思想的所有其他地区都不可能继续发展。西班牙、葡萄牙以及西属尼德兰的情况均是如此。伟大的先驱者范·赫尔蒙特对此有着亲身体验。他曾被数次下狱，直到去世4年之后，他继续发展帕拉塞尔苏斯学说的大量工作才得以出版，而且是在国外。

然而在英国，培根、吉尔伯特和哈维等先驱者的出版物却没有引起反感。查理一世被处决时，整个国家陷入了内战。虽然这的确瓦解了审查制度，但另一方面也使得先驱者们的工作几乎没有机会得到继续和拓展。

167 于是，能够最终承担革新的只剩下了北荷兰和法国。笛卡儿以及他去世后其追随者所卷入的两起冲突之所以具有历史意义，恰恰是因为其他地方都没有可能进一步推动革新。这两起冲突对思想的发展到底产生了怎样的影响呢？

在这方面，荷兰的情况并不太好。在其他国家，有宫廷充当赞助者，事实也的确如此。但在荷兰却有没有这样的宫廷。在城市中，自然认识领域的思想生活仍然局限于对贸易和航运有利的活动。大学里面占统治地位的是亚里士多德的学说。笛卡儿正是把希望系于这些大学，这甚至是他在荷兰定居的一个更重要的原因，因为他希望能在这里开始作为新的亚里士多德获得成功。但与富蒂乌斯的冲突使这些希望过早地破灭了。在乌得勒支，除了短暂的中断，笛卡儿的学说直到下个世纪都看不到什么希望。在莱顿，经过多次争吵，这个问题得到了一种真正的荷兰式解决：亚里士多德学说与笛卡儿学说被谨慎地混合起来。由此得到的产物被小心翼翼地磨去了所有世界观方面的棱角，并饰以"新的旧哲学"（new-old philosophy)之名。这种不成熟的解决方案距离促进和继续那种已经开始的革命性创新还很遥远。

现在似乎只有法国还有希望成为革命性创新的避难所。

然而，在我们现在所谈论的这一时期，这种希望实现的可能性并不大。虽然宗教裁判所在法国的影响远不如在意大利或西班牙，但也不容忽视。在关于笛卡儿遗产的冲突过程中，一个法国的耶稣会士能够成功地将笛卡儿的不少著作编入禁书目录，宗教裁判所的影响无疑起了一定作用。顺便说一句，这份含糊其辞的目录明确提到了笛卡儿反对富蒂乌斯而写的两本小册子，这很说明问题。罗马竟然会保护一个想在荷兰建立加尔文主义神权政治的人免遭一个天主教徒的攻击！这一细节表明，富蒂乌斯针对笛卡儿学说的忧虑并不限于自己的国家和自己的支持者那里。

由笛卡儿的遗产所引发的斗争还有其他踪迹可循。除了贝克曼和笛卡儿，还有一位学者试图由运动的物质微粒构建世界，他就是法国神父皮埃尔·伽桑狄，其虔诚性常常受到怀疑。1629年，他在多德雷赫特拜访了贝克曼，此前他已经受笛卡儿启发阅读了贝克曼的日记。起初，伽桑狄曾作为怀疑论者努力反对亚里士多德的学说。在访问贝克曼之后，他认为自己的主要任务是调和古代原子论与基督教信仰。和笛卡儿一样，他也对记录下自己虔诚使命的著作秘而不宣，直到去世前不久才敢发表——在这里，对审查的恐惧同样导致了长期的自我审查。

但所有这些并不意味着法国没有可能推进自然认识的革新。特别是在围绕着笛卡儿著作的争论愈演愈烈之际，在巴黎形成了各种非正式的学者团体，他们定期会面交流思想，讨论各种现象和

168

观念。对于其中的细节我们知之甚少，因为在大多数情况下，人们特意只进行口头交流。于是，在1645年至1660年之间，一切事情都在非正式地进行着，各种力量在巴黎暗暗涌动，但谨慎是最高准则，所以可见的结果非常有限。

简而言之，法国的图像是混杂的。其他地方很少这样。在欧洲，人们普遍感觉到，革命性的自然认识至少很古怪，它违背了被整个文明所接受的基本价值。因此，在许多情况下，这种奇特而危险的自然认识方式的实际或潜在的承载者一直自愿或被迫秘而不宣。发展的时机还没到，但不用多久，动力便会最终产生。伊斯兰文明的先例表明，后来的复兴虽然是完全可能的，但却会本着一种完全不同的精神，这种精神与其说是探索未知领域，不如说是重新以过去的黄金时代为导向。

就在激情丧失殆尽之前，情况发生了转变。发生这种转变主要是因为欧洲列强在1648年好不容易结束了战争，这场战争已经蹂躏了德国30年，并可能使整个欧洲都陷入混乱和无政府状态。

欧洲死里逃生

在大约一个世纪的时间里，欧洲出现的任何冲突都会立即被推到顶峰。燃料无处不在积聚。导致武装斗争的不只是哈布斯堡家族的权力要求或海外殖民地的收入等实际的东西。世界观问题也一再导致冲突，至少是煽动了这些冲突。每一次宗教都处于中心。基督教信仰充斥着各种教条，大家对它们可能看法不一。宗教改革以后，这种分歧日益加深，引发的冲突也愈演愈烈。其典型表现是,西班牙与荷兰之间的"八十年战争"停火期间,即从 1609 年至 1621 年,在西班牙作为民族敌人最终退出之前,一场关于在神的预定论背景下人的自由意志的学术争论差点演变成一场内战。在本章我们已经看到宗教与自然认识是如何紧密交织在一起的。伽利略和笛卡儿已经用他们的著作动摇了亚里士多德的学说,但后者与基督教教义有着密切关联。任何观点都可以一直思考到底并且加以贯彻,在这样一种氛围中,关于自然现象的意见分歧,即使是关于冰为什么会浮在水上这样的问题也总有失控的危险。没有什么东西在世界观上是中立的,宗教自不例外,自然认识亦是如此。"雅典"的自然哲学从来不是中立的,笛卡儿的"雅典加"哲学就更是如此。伽利略和开普勒把"亚历山大"的数学自然认识 170 转移到了传统自然哲学领域,由此也落入了世界观的战场。如此一来,这两种新的自然认识方式的命运便取决于这个战场上正在进行的逐渐涵摄一切的斗争的结果了。

　　1648 年,欧洲大陆主要列强签订了《威斯特伐利亚和约》。这是个一揽子交易,一系列正在酝酿的冲突由此得以化解。起义开始 80 年之后,荷兰被正式准许加入"国家协作"。德国仍然分裂为数百个邦国,听任命运的安排。奥地利和西班牙的哈布斯堡王朝对自己所得表示满意。从此以后,全欧洲的君主都可以不受外来干涉地决定在他的领土上占统治地位的应当是哪种宗教。

　　当然问题是,这个涵盖整个欧洲大陆的和约是否维持得住。事实上果真如此,一连数十年风平浪静。从某种意义上说,1640 年欧洲的气氛和 1660 年的区别要大于它与一个世纪前即 1540 年的气氛的区别。锅炉并没有爆炸,人们及时掀开盖子让蒸汽排了出去。《威斯特伐利亚和约》也许并没有带来普遍和平。但在处理冲突时，人们开始控制自己，愿意在和解的气氛中寻求一种能够让所有人接受的妥协方案。没过多久，英国也出现了这种变化。新教独裁者奥利弗·克伦威尔死后，他不称职的儿子遭到驱逐，从而为已被斩首的国王查理一世的正在流亡的大儿子归国创造了条件。1660年，查理二世加冕，斯图亚特王朝的复辟惊人地顺利。新国王很适应这种新的缓和矛盾的气氛，没有表现出明显的复仇欲。

所有这些对于正在革新的自然认识的未来都具有重大意义。现在，连局外人都能清楚地认识到，新的自然认识方式不仅带来了世界观方面的危险，而且也提供了新机会。这种机会表现在两个方面：思想得以发展；可以采取步骤使世界观与在这方面保持中立的东西相隔绝。正是后者使新的自然认识有可能被用于各种实用目的。这主要包括更有效力的战争、技术生产的彻底转变以及福利的提高等等。

在何处以及如何能够认识到这些机会的价值并将其付诸实际呢？我们先看"何处"，再看"如何"。

大约从1660年一直到17世纪末，主要是罗马、巴黎和伦敦这三个地方在从事着三种新的自然认识方式。对此，罗马的直接贡献非常有限。然而，耶稣会的总部位于罗马，耶稣会士在世界各地从事自然认识时，都会与中央宣布和维护的准则保持一致。而在巴黎和伦敦则集中了大量研究工作，对欧洲其他地区起到了巨大的辐射作用。因此在17世纪下半叶，自然认识的地理中心已经与前两个世纪完全不同。

171

这种从地中海地区到大西洋沿岸地区的转移是一场更加广泛的运动的一部分。在这一时期,欧洲的政治、经济和文化中心都发生了转移。现在,决定欧洲政治核心的不再是哈布斯堡王朝的权力要求,而是波旁王朝的权力要求了。英国和法国这两个大西洋国家激烈争夺对海外贸易线路的控制。希望引领文学、绘画或音乐潮流的人可以前往伦敦或巴黎,而且越接近宫廷越好。这两座城市的宫廷为新的自然认识方式提供了场所。不仅如此,两座城市还建立了专门以新的精神从事自然研究的社团。

然而要想实现这些,就必须设计策略,使新的自然认识方式能够摆脱那些冒犯性的方面。在这些策略中,有些彼此排斥,另一些则相互补充,但目标始终是同一个,那就是让以前难以被接受的东西变得易于被接受。

当时,无神论尚不是一个实际的概念。虽然它作为一种理论立场是存在的,但没有人或很少有人实际相信它。任何欧洲人,只要不是作为犹太人被关在一个特殊的地方,都会以基督教作为所有思想和行动的标准。富蒂乌斯的忧虑非常流行。许多人(既包括新教徒也包括天主教徒)和富蒂乌斯一样认为,伽利略和笛卡儿所走的道路已经威胁到了基督教的生死存亡。但这种拒绝先驱者道路的理由能够令人信服吗?一些新的自然认识方式的支持者也感觉到了来自无神论的威胁。然而,从有关世界如何运作的新观念来看,像富蒂乌斯那样拒不放弃支持基督教的通常证据已经不可能再继续存在了。但仍然存在着两种可能性。一是回到把启示作为信仰确定性的唯一源泉——这便是"实验的-数学的"自然认识方式的杰出代表布莱斯·帕斯卡在其著名的《思想录》

172

（*Pensées*）中所要表达的东西。但没有人追随他。而另一种解决方案则大受欢迎，持续了数个世纪之久，而且实际上从未消失过。最近，它又以"智能设计"的现代形式重新出现："看哪，自然的构造多么巧妙，一切事物，不论大小，都协调得很好，自然定律的设计是多么精妙！这一切不可能出自偶然，必定有一个上帝为我们安排了所有这一切，我们是他按照自己的形象创造出来的。"17世纪出版了数十部包含这些内容的论著，其中许多都是从事新自然认识方式的人写的。

　　耶稣会士可以说是自然研究的先锋，但却被自行锻造的锁链捆绑在罗马天主教教义上面。在耶稣会士的总部，这个问题是以不同方式处理的。首先，他们要从革新者的著作中剔除所有冒犯性的内容，再把其余部分与亚里士多德学说中被认为能够保存的内容结合在一起。他们用物质微粒、实验和详细的计算来扩充由此产生的大杂烩，再运用自然魔法的观念把它变成一个符合他们想法的整体。在日常工作中，他们越来越注重探索型的实验研究。为了解释实验结果，他们可以利用这种大杂烩。

　　并非只有耶稣会士认识到实验本质上是在世界观上保持中立的。正因为如此，伦敦和巴黎的社团所做的大多数研究主要都是实验研究。实验者有时甚至不再试图去解释以这种方式观察到的现象，因为解释属于那种教条式的旧自然哲学，会不断引起争议。

　　有两个社团又沿着这个方向更进了一步。无论是巴黎皇家科学院的成员，还是英国皇家学会的会员，都要奉国王之命，把讨论完全集中于对自然的研究，远离政治和哲学。巴黎皇家科学院的组织更为精干，与其英国同行相比，他们更能服务于国家政策。年轻的国王路易十四为这一社团投资甚巨。科学院的成员是一批精心挑选出来的顶尖研究者,薪金颇高。如果仅照字面上来理解"挑选"一词是不够的。国王不仅想把最有才干的人网罗进他的科学院,而且想在这些人当中再做区分。为此,他利用了那些曾在50年代试图以新的精神来维系自然研究的非正式团体,但却把所有致力于宣扬笛卡儿自然哲学的人排除在外。运动的微粒,好极了,但接着便从一种完整的雅典风格哲学中脱离出来。纯粹的笛卡儿主义者雅克·罗奥是一个才华横溢的人,他在巴黎沙龙的小圈子里取得了巨大成功。在沙龙上,他举行优雅的演讲,通过令人惊叹的实验向诸位有教养的女士先生们传播笛卡儿的学说。在巴黎,虽然有些人的天赋远不如他,但他们——不像罗奥——被允许参加科学院成员每周举行的讨论。宫廷的态度坚定不移:教条式的自然哲学只会导致不和,因此,罗奥一直被关在科学院大门之外。

174

60 年代初在巴黎和伦敦发生的事情对自然研究影响巨大。现在,研究自然现实在历史上第一次成为一种自主的活动,从事这种活动的是一个每天进行接触的较为稳定的专业学者组织。在伦敦,这种自主性要大于巴黎。在巴黎,作为科学院成员所获薪水的回报,国王希望看到某些特定研究领域得到优先处理。另一方面,法国科学家和他们的英国同行一样,可以非常自由地通过其研究结果把自己引到某个无法预先确定或预测的方向。此外,他们还可以在一种新型出版物上发表自己的研究成果:这是一些以新精神完全致力于自然研究的定期出版的杂志。这样一来,身居法国或英国之外的研究者也有了出版机会,并且在这两大新的自然研究中心找到了根据地。克里斯蒂安·惠更斯曾任巴黎皇家科学院的首任院长和皇家学会的通讯会员，安东尼·凡·列文虎克的所有有关显微镜的发现都是在致皇家学会的一系列信件中作出的。

于是，17世纪60年代，本着《威斯特伐利亚和约》的新精神，新的自然认识方式成功地摆脱了渎圣的刺鼻气味。无论笃信宗教的人是否还认为这些研究会带来各种各样的危险，但在大多数人看来，这顶多是个悬而未决的问题罢了。在当时欧洲的关键地区，尤其是这两大首都的宫廷，这已经不再是个问题——新的自然研究已经有效地摆脱了世界观问题。不过，仍然有一个问题需要解决，即为什么要做这些努力。即使新的自然认识所含有的渎神危险的确被消除了，没有它，社会不是也能照样运行得很好吗？

对于有些欧洲人，尤其是那些完全或部分追随亚里士多德学说的教授们来说，回答这个问题并不困难。他们会说："一点不错。"但在许多宫廷里面，尤其是伦敦和巴黎，人们却不这样想。那些地方的当权者确信，某些新的自然认识方式至少可以带来物质利益。

认为自然知识可以带来物质利益的这种观念已经有数百年的历史。中国人一直是这么认为的。15世纪中叶，此种观点也随同所谓的"第三种自然认识方式"出现在欧洲。在达·芬奇、帕拉塞尔苏斯等许多人那里，自然研究或多或少都围绕着无偏见的观察而进行，如果可能，他们也会想到实际应用。我们已经看到，许多情况下这种应用的情况并不尽如人意。只有在直线透视法、防御工事以及地点定位等方面，才能实际找到（亚历山大风格的）自然认识与技艺之间的"接口"。17世纪科学革命本质上正是以这样一种样式为特征，但其规模要大得多，从长远来看，产生的结果也迥然不同。人们非常期待这种经过巨大转变的自然认识能够大大促进技艺和战争。不过这种期待暂时还无法得到太多兑现。

这在伽利略那里已经开始了。他一发现木星的四颗卫星，就想到可以用它来解决测定海上经度的问题。正如测定纬度涉及与赤道的距离，测定经度则需要测定与格林威治子午线的距离。如果海上的船舶因风暴而偏离航线，那么这种信息将非常有价值。难怪西班牙、法国和英国的国王以及荷兰国会公开悬赏，寻求一种能够足够精确地测定经度的方法。既然能够借助太阳和北极星成功地测定纬度，那么测定经度也应当是可能的。事实证明，在那个世纪，伽利略所期望的解决方案和另外两种解决方案一样是不充分的，虽然在理论上看似合理，但在实践中却碰到了各种不可预见的困难，这些困难在当时是不可克服的。此问题的第二种理论解决方案运用了月球轨道，第三种则运用了时间测量。伽利略之后的那代人中，乔万尼·多米尼科·卡西尼和摆钟的发明者克里斯蒂安·惠更斯似乎掌握了那两种天文学解决方案的关键。路易十四在建立巴黎皇家科学院时用最高薪酬吸引到巴黎的正是这些人，这一点绝非偶然。谁能解决经度测定问题，谁就能使他的雇主最终控制海洋。

不仅如此，路易十四还期待其科学院的数学家们能够从根本上改进火炮。伽利略曾经发现炮弹的轨迹是一条抛物线，接着又是他立刻意识到了这一发现的实际意义。虽然这个世纪的一代代学者一直在不断完善这一认识，但直到拿破仑时代，它才对战争有了实际意义。几乎任何东西都是如此。范·赫尔蒙特的学生约翰·鲁道夫·格劳伯试图用木浆生产人造肥料。皇家学会的重要成员罗伯特·胡克认为，借助新的自然知识可以找到一种方法使

176

油灯的燃烧更均匀。在广泛的领域中，不仅是战争，而且包括从机械制造到管风琴制造等各种技艺，这种"实验的－数学的"和"探索的－实验的"自然认识似乎为根本转变传统技艺提供了一切必要手段。期待相当高，但至少在17世纪还很难得到满足。

177　　　路易十四和他的财政部长柯尔贝尔满怀期待地投入了大量资金。然而，让欧洲自然研究的精英们一心一意为法国宫廷服务并非他们的唯一动机。这些人的工作最终也应当像拉辛的诗歌、莫里哀的戏剧、普桑的绘画和吕利的经文歌那样荣耀波旁王室。当然，他们对科学院的期待主要还是实际的利益。因此，他们交给科学院成员的诸多任务还是主要着眼于此。比如卡西尼奉命重新精确绘制法国地图。国王比较幽默，他抱怨说，此前理论知识不够丰富、设备不够先进的土地测量师对国土的测量非常慷慨，以至于他为高薪聘请的天文学家付出的土地成本比他的将领为其征服的土地还要多。

　　路易十四也非常耐心，就像我们今天对待研究者那样，他们总能在下一笔资助背后看到突破，进而作出新的承诺。然而，这种耐心并不足以解释为什么会给一个项目如此巨额的投资，冷静地考虑一下，该项目其实产出不了很多成果，至少要比他们承诺的少得多。

　　关键是，这种"冷静的考虑"实际上并不存在。那个流传甚广的神话，即现代科学的产生立刻极大地推动了欧洲的物质繁荣，也是源于这个时代。随后，许多相关的历史研究也受到了这一神话的感染。现在我们感兴趣的是这一神话的起源以及它在17世纪的大批追随者。其实这在当时并不是神话，而是一种意识形态。

这里的"意识形态"指的是一种关于具体现实的信念复合体，但与此同时，这些信念会以一种综合想象的形式超越现实。由于培根的思想对这种意识形态的影响最大，我们这里把它称为培根式的意识形态（Baconian Ideology）。

我先来总结一下是什么样的思想进程把我们带到了这一点上。新的自然认识方式之所以能够摆脱其合法性危机，应当归功于与之相关的世界观危险的中立化以及希望由此获得的物质利益，对前者作出努力正是为了后者。但在大多数情况下，这些利益并不存在，如果对这个事实作全面考虑的话，这当然是一个问题，或至少可能是一个问题。人们之所以没有这样做，并且一直保持着这种期待，使它直到 18 世纪才逐步得到实现，是因为这时出现了培根式的意识形态，而且支持者众多。

这种意识形态可以简要概括为"相信新自然认识的力量"。培根曾说："知识就是力量。"[①]他的所有工作都渗透着这样一种信念，即新的自然知识能够"实现一切可能的事物"。英国内战期间，他出版的著作开始起作用。各种严肃的空想社会改良家都把自己的乌托邦计划建基于此。斯图亚特王朝在 60 年代复辟之后，这种有时非常混杂的思想被引向了对皇家学会会员所作努力的理论辩护。当然，"辩护"首先意味着必须能够表明与基督教教义相一致。特别是，必须驳斥这样一种反对意见，即认为做实验会妨碍我们关注所企盼的来世。两位圣公会牧师承担了这项任务。其中一位即后来的托马斯·斯普拉特主教，他在一段名言中详细阐述了服务

178

---

① Francis Bacon, *Works* IV, p. 47（*Novum Organum* I, aphorism 3）.

于上帝的道路不止一条，而是有许多条。只要不是注定远离这个世界，人们都可以在实验自然知识中找到补偿，他们会使这些知识对世界有用。耶稣不也常常在内心冲突时远离他人，而为了使人皈依，则会"在众人面前做可见的善功"？[①] 系统地纠正实验研究中的谬误和错误难道不是苦行者精神忏悔的世俗对应吗？

理性法则谋求的是人类今生的幸福和安全。基督教信仰追求的是同样的目标，不仅是今生，而且是来世。理性与基督教不仅远非相互对立，我们甚至可以把宗教称为自然法则最优秀、最崇高的部分，称它为自然法则的完满和王冠。[②]

简而言之，整个基督教与新的自然认识能够非常自然地相互补充。

在斯普拉特诸如此类的言论中，我们看到了世界历史上某种独特的东西。在上一章的末尾，我已经跟随马克斯·韦伯指出，与任何其他世界宗教都不同，欧洲的宗教体验越来越不关注神秘主义的内心生活。为了来生而放弃世俗的享受，在西欧的基督教尤其是清教徒中越来越表现为节俭、勤勉和冷静的进取心。至于韦伯的真正主题，即"资本主义精神"是否会引出他在一个世纪之前所概括的那些结果，这一点我不去讨论。但可以肯定的是，我们在斯普拉特为皇家学会所作的申辩中再次看到了这种态度。他特别

---

①　Thomas Sprat, *The History of the Royal-Society of London*（London，1667），pp. 365—369.

②　Ibid., pp. 365—369.

179

把这种态度与新的"探索的－实验的"自然认识方式联系在一起。由此产生了某种前所未有的东西——对纯粹世俗知识的宗教认可。在伊斯兰文明中尤其没有显示出这样的东西。

当然，在古代阿拔斯王朝时期的巴格达，曾有一种面向世俗的相对开放的伊斯兰教形式使得希腊自然认识可以被接受和复兴。虽然像伊本·库泰巴那样的牢骚者认为《古兰经》的认识已经足够，"外国的"自然认识毫无用处，但是面对高涨的普遍热情，他们的看法不会占据上风。然而，入侵不会这么快就导致内转，这个世界的伊本·库泰巴们再次抬头，整个"扩充希腊自然认识"的事业陷入停滞。这种局面之所以会如此迅速地出现，部分是因为缺少一种从事"外国"自然认识的人可以依赖的意识形态。在一场类似的合法性危机中，欧洲已经有条件创造出这样一种意识形态，即我们所谓培根式的意识形态。尤其在英国，它越来越成为欧洲自然认识的引擎。培根式的意识形态在英国大受欢迎，正在崛起的与贸易和航海相关的社会群体确信它是进步的象征。培根式的意识形态仍然是英国的产物。在欧洲大陆，比如巴黎科学院，只是偶尔有一些口头承认。而在北荷兰，它实际上从未被接受，这更是令人惊讶，因为正如我所说，培根式的意识形态带有强烈的新教色彩。我有时暗地里会想，在当时的荷兰，"利益"已经过分沿着直接收益的方向去寻求了，而培根式意识形态的核心却是坚持期待未来收益。用今天的行话来讲，知识完全可以"规定价格"，但在极少数情况下明天就可以涨价，而且肯定不是沿着可以预见或确定的方向。

最后，我们做三个结论。

　　首先，对于那个经常提出的问题，即宗教改革对科学革命有何意义，现在可以给出比较明确的回答了。虽然对两种希腊自然认识方式的革命性转变及其后来的改造作出贡献的天主教徒要比新教徒更多，但其人数大体符合两种教派在欧洲总人口中所占的相对比例。耶稣会士实践了第三种"探索的－实验的"革命性的自然认识方式，在巴黎（主要是天主教徒）和伦敦（主要是新教徒）也有人从事。我们将会看到，在培根式的意识形态的旗帜下，英国对这种自然认识方式的实践最富成果。然而，坚信新的自然认识方式的生产力，坚信其中隐藏的潜力能够使人类的命运彻底转向繁荣富足和对自然的控制则首先是新教的事情。

181
　　其次，我们可以看到，即使伊斯兰文明中的希腊自然认识产生了一个像伽利略那样的人物，他也注定不可能有所推进。这样一个人的出现不可避免会引发世界观的冲突。在任何一种有圣书的文明中，他们都可能遭遇类似的反对。但伊斯兰教却不可能像奥古斯丁——带着各种保留——为基督教开创的那样对其圣书作非字面解读。此外，伊斯兰教也无法建立一种像培根式意识形态那样的东西。基督教欧洲的外向型导向（outward orientation）是独一无二的。在这种导向背后并没有什么特殊的功劳，这是一个必须清醒认识的历史事实。因此如果有人问，为什么在伊斯兰文明中没有产生科学革命，那么要分两部分来回答。如果没有入侵，那么最终有可能会产生一种"亚历山大加"形式的萌芽，稍加想象便可以设想有一个"阿尔－伽利略"（al-Galilei）。但伊斯兰教并无合适的资源来产生一种意识形态以帮助抵御那些致命的世界观后果。在从"内向"到"外向"的整个宗教谱系中，伊斯兰教处于一个中间位置：它既不像印度的印度教那样极端内向，也不像后来欧洲的基督教那样变得越来越外向。我们无论如何也无法想象一个"阿尔-培根"（al-Bacon）。

我们的第三个结论是，大约从 1645 年到 1660 年，外向型的欧洲可以说死里逃生。《威斯特伐利亚和约》以及从地中海到大西洋的重心转移为解决新的自然认识方式的合法性危机创造了框架。能够决定欧洲命运的统治者们抓住了机会，这种机会是他们在濒临全面混乱时赏赐给自己的。他们还看到了新的自然认识方式的潜在用处，从而有针对性地帮助隔离那些渎神的方面，使之变得无害。此外，还有一种意识形态建立起来，它认为，尽管新的自然认识暂时无法获得利益，但并不能因此而制止它的发展。总而言之，我们必须说，只要情况稍有不同，就可能导致完全不同的历史结果。我们前面已经看到，三种革命性转变均发生于 1600 年左右，这绝非历史的必然。我们现在看到，新的自然认识方式幸存下来要比它们的出现隐藏着更多巧合。

本章中，我们已经从扎根社会的角度考察了新的自然认识方式的这种幸存。文明深处隐藏着一些基本价值，我们有足够的理由表明，这些新的自然认识方式能够与这些价值很好地相容，甚至能够表达出来这些价值。

然而，文明在价值方面的广泛一致性并非这些新的自然认识方式幸存下来的唯一基础。每一种形式也有它自己的动力，每一种形式都表现出某种从内部向前驱动的自主发展。我们现在就来考察这些动力和发展。

第五章　三重扩展

　　开普勒和伽利略、笛卡儿和贝克曼、吉尔伯特、哈维和范·赫尔蒙特都是遥遥领先于 1600 年左右开始的革命性转变的先驱者。即使不考虑他们工作所涉及的世界观问题，我们也可以预期三种自然认识方式还要按照通常的方式持续一段时间，就好像这时什么也没有发生似的。令人惊讶的是，到了 1700 年左右，三种"旧"的自然认识方式竟然已经所剩无几。在 17 世纪上半叶，许多研究者仍然在按照阿基米德和托勒密的高度抽象方式从事数学的自然认识，特别是行星理论以及光和视觉问题。从 1600 年到 1625 年，托马斯·哈里奥特、维勒布罗德·斯涅耳和笛卡儿各自重新发现了伊本·萨赫勒的折射定律，因此可以说仍然属于这个传统。到了开普勒之后的一代，即使获得赞同，开普勒的研究结果一般也仍然会被当作虚构的辅助工具来处理。而到了 17 世纪末，则已经不再能说，一切都是在"亚历山大加"的前提下进行的。

　　与此同时，"雅典加"至少在大学和耶稣会士那里的胜利还不
够完满。这里有各种不同的混合形式，纯粹的亚里士多德学说还在发起后卫斗争；探索型实验最终并未完全取代不受约束的观察，这主要是内容方面的原因——到了 17 世纪末，只要有机会，人们对于做实验观察已经不再会犹豫。我们甚至可以说，一直把各种

自然认识方式彼此隔离的墙体在一定程度上已经被拆除。虽然三种形式都在自行发展，但历史上第一次出现了富有成效的结合。

在"旧"世界，创新并不像在今天那样司空见惯，而是罕见的例外，因此可以说，新事物很快就战胜了旧事物。17 世纪 60 年代以来王室的慷慨支持，以及主要在英国起了激励作用的培根式意识形态都为此做出了贡献。然而，是哪些内容上的进展促成了这种胜利？我们现在分别就每种自然认识方式的转变来尝试回答这个问题。

"亚历山大加"传播开来

我们已经指出，开普勒和伽利略把"亚历山大"变成了"亚历山大加"，无论在深度还是广度上都是对数学自然认识方式的极大拓展。他们去世后，少数追随者继续热烈地进行着这个过程。至于这种情况是如何发生的，我们先来看两个例子。其中一个例子来自自然，另一个例子则来自技艺。前者涉及真空，后者涉及河流整治。真空和河流改道都曾是研究的对象，或至少是思考的对象。这些例子不仅表明数学方法提供了多少新的可能性，而且表明它暂时遇到了何种限制。185

伽利略在《谈话》的开篇回忆起他在帕多瓦做教授时，曾经常走访威尼斯的兵工厂（同时也是威尼斯的造船厂、军械库和海军基地）。在那里他注意到，工人们最多只能把水抽到大约 10 米高。如果再高，水柱就会"破裂"。他们认为这是因为水泵的材料出了问题，而没有继续仔细思考，只是简单地视之为必须尽力对付的严酷现实之一。

伽利略第一次试图把这种现象与自然法则联系在一起。他把这归因于所谓的"反抗真空"。1642 年，伽利略去世后不久，他的学生埃万杰利斯塔·托里拆利继续对其进行研究。托里拆利猜想泵管中的水柱是由于周围空气对水的压力而保持平衡的。当水柱的高度约为 10 米时，就达到了平衡。如果是这样，那么使用某种密度更高的液体会更容易研究这种现象。的确，如果用水银灌满一根单侧开口的管子，将它倒转过来，把（暂时封闭的）开口端浸入盛满水银的容器中，则管中的水银柱会下降到比容器中的水银液面高大约 76 厘米的地方。水银柱上方的空间里面不再有任何东西，是绝对的真空。

186　　　至少托里拆利是这样说的，由此产生的空间后来正是以他的名字命名的。不幸的是，这一看法使他陷入了自然哲学和神学的窘境。亚里士多德已经"证明"真空不仅不存在，而且不可能存在。此外，真空的观念距离原子论也已经不远。在当时的意大利，迫于宗教裁判所在世界观方面的暴力统治，托里拆利最好是缄口不言，他也的确是这样做的。

　　在法国，年轻的布莱斯·帕斯卡继续了这项研究。他是"实验的‐数学的"自然认识的杰出实践者，也是耶稣会士及其神学的坚定反对者，因为他把证明看得比神的启示更高。"托里拆利真空"是否是空的这个问题为他提供了一次极好的机会，以表明新的自然认识方式要比他的敌人所倚赖的陈腐的自然哲学好得多。他由实验支持的极为细致的论证以一次登山活动为最高潮。帕斯卡的姐姐和姐夫住在多姆山（Puy de Dôme）脚下，今天的环法自行车赛爱好者都知道这个地方。应帕斯卡的请求，他的姐夫佩里耶先生把两根单侧开口的管子灌满水银，把它们倒转浸入水银槽中，然后把一个气压计留在家里,带着另一个爬上山。如果水银柱真是被周围的空气维持平衡的,那么按照帕斯卡的推理,气压减少必定会使水银柱降低。这种现象果然发生了,佩里耶给帕斯卡写了一份详细的报告。

187

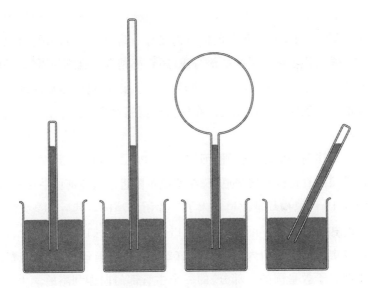

图 5.1　托里拆利实验的示意图

左边是托里拆利本人的实验,然后是帕斯卡的实验,结果表明,水银柱的高度与管子的长度、形状和倾斜无关。

托里拆利真空是空的,并且与空气压力有关,这一结论导致帕斯卡与艾蒂安·诺埃尔神父进行了一场激烈的争论。顺便说一句,帕斯卡极度厌恶的另一位学者笛卡儿曾经是这位老耶稣会士的学生。诺埃尔自然哲学的第一原理断然排除了真空的存在,就像亚里士多德出于完全不同的理由断然排除了真空的存在一样。在笛卡儿看来，空间与物质毕竟是等同的。帕斯卡一石三鸟：亚里士多德、笛卡儿以及将两者的哲学奇特地混合起来的耶稣会士。帕斯卡还利用这一机会概括了笛卡儿这位思辨自然哲学家的弱点及其要求的绝对确定性，并把他与作实验验证的谦逊研究者作了对比，后者按部就班地做事情，而不是先验地知道所有东西。即使到今天，帕斯卡致诺埃尔神父的信也仍然是一篇引人入胜的散文作品。这7页信用清晰明了的法语写成，通篇都是令人难忘的语句，虽然其中运用了各种修辞技巧和宣传式的夸张，但仍然是新兴现代科学的一篇宏伟宣言。该文已经使我们预感到现代科学的根本优势何在。

雷诺河（Reno）流经波河三角洲（Po-delta）。直到现代早期，雷诺河一直是流经博洛尼亚，在费拉拉附近汇入波河的一条支流，但在17世纪初却被改道流入了一片沼泽地区。其后果是无法预见的和灾难性的，导致了大片农田被毁。应当如何以及在什么位置将雷诺河重新引入波河呢？1625年，教皇国（博洛尼亚和费拉拉都属于教皇国的一部分）的一个主管部门向伽利略的学生——数学家和修士贝尼代托·卡斯泰利提出了这个问题。卡斯泰利按照他老师的风格作了回答。他提出了一条一般定律，规定了三个变量之间的关系："同一条河流的截面在相等时间内流过等量的水，即使这些截面本身是不等的。"[1]由这一定律可以给出与耶稣会学者完全不同的结果，他们解决这个问题的方法非常不同。他

188

---

① Benedetto Castelli, *Della misura dell'acque correnti*(Rom 1628), p. 48. 重印于 Cesare Sergio Maffioli, *Out of Galilei:The Science of Waters*, *1628—1718*(Rotterdam: Erasmus Publishing, 1994), p. 49。

们不是用概括，而是用经验的方法研究什么因素可能影响流出量，然后试图作出定量估算。随着时间的推移，这两种方法之间出现了某种接近——这是一个有趣的例外。卡斯泰利的追随者把水压等更多方面纳入了他们的数学方程。后来耶稣会的顾问则敢于作出更强的概括。17世纪末为重新解决这个问题而成立的红衣主教委员会也束手无策。最后，主导决策过程的更多是博洛尼亚与费拉拉之间的利益冲突，而不是问题本身，即到底是前者的数学模型，还是那个顾问小组的有经验基础的估计更接近雷诺河的实际情况。今天，在解决实际问题时，我们也不会不假思索地求助于一个数学模型，这样一种不假思索也是不应当有的。但现在数学模型背后的思想已经非常精致，以至于不再可能用一种纯粹经验的解决方案来实际取而代之了。

用"实验的–数学的"的方法处理的不只是真空和河流改道问题。随着"亚历山大"转变为"亚历山大加"，以这种方式处理的问题急剧增多。实际上，这在伽利略那里就已经开始了。他最先用数学处理的主题绝不只是下落、抛射和新的运动观念，这样的主题总共有将近一打。更重要的是他在这样做时运用的手段。在此之前，自然现象只能以唯一一种方式作数学处理，那就是通过欧几里得几何学进行抽象。伽利略用四种全新的数学化方式扩充了这一有限的储备。

一种方式是类比。要想理解某种特定的运动现象，我们可以把另一种已经研究清楚的运动作为出发点，并试图把适用于该运动的数学规则运用于新的运动现象，看看由此能走多远。凭借着这种方式，伽利略通过思考平衡态而认识到，运动一旦获得就会继

189

续下去。为了试图——尽管没有成功——从数学上理解锤子打桩，他把锤击与一个重物对桩子的压力相比较。

另一种方式是把非常复杂的现象归结为一个自称把握了这种现象本质的数学模型。这种数学化形式我们在讨论卡斯泰利及其追随者对雷诺河问题的处理时已经看到了。

此外，用无穷小进行工作和演算也是从伽利略（和更具创造力的开普勒）开始的。两代人之后，牛顿和莱布尼茨将发明微积分。最后，第四种方式是实验验证。事实证明，要想从数学上理解实际现象，类比、模型、无穷小演算和实验是四种非常强大的工具，现代科学依然在使用它们。

在伽利略之后的一代，所有这些都得到了反复检验，必要时会被纠正、澄清、完善，用新的数学方法进行处理，并且被应用于更多的研究领域。五种经典的亚历山大主题也都陆续进入了运用新的"抽象的－实在论的"方法的领域。此外，在中世纪晚期由布里丹和奥雷姆等富有创造性的亚里士多德主义者所提出的一系列思想被继续发展。只有摆脱自然哲学的思维框架，进入"亚历山大加"的新框架，如"冲力"那样的模糊概念才能精确到足以提出新的运动规则。

如果我们考虑到这要归功于伽利略之后那一代人当中的极少数思想家，那么这种拓宽和深化的程度就更加令人惊讶。意大利有伽利略在佛罗伦萨时的几位学生，他们必须尽力应对宗教裁判所施加的各种限制，其中最著名的是托里拆利。后来在法国有几位偏爱数学的科学院成员，其中有克里斯蒂安·惠更斯。此外在各地还有一些零星的人物，比如法国的帕斯卡和英国的耶利米·霍罗克斯也都为这种发展作出了自己的贡献。在这方面，耶稣会士没有起什么作用——这是关于地球转动的争论所导致的最严重的损失之一。如果没有这场争论,那么至多只需要一两代人的时间,克里斯托夫·克拉维乌斯的思想继承人便可能从带有量化要素的自然哲学走向对实际自然现象作完整的数学处理。目前情况则是,他们并没有继续追踪下去,而是固持于解决雷诺河问题时所走的老路:从经过一定批判性检验的经验事实出发进行谨慎的概括,无论是否得到测量的支持。

一再推迟的雷诺河改道等许多例子表明,新的"实在论的-数学的"自然认识几乎不可能在短时间内从根本上革新技艺和得到验证的方法。如果考察一下 17 世纪试图做到这一点的大约十个领域,则我们首先会看到:通过数学的理想化来解决问题的努力是否能够成功并非取决于该问题的紧迫性。河流改道,火炮改良,测定海上的经度,这些都是紧迫的事情。它们涉及财富、权力或人的生命,统治者对解决这些问题非常有兴趣,故愿意为此投入大量资金,但暂时都还无法得到根本解决。比如直到 18 世纪上半叶,约翰·哈里森才克服了各种实际困难,用他精心设计的航海钟成功地解决了经度问题。

为什么会这样? 主要是因为技艺与数学自然认识之间的鸿沟还太宽,无法立即弥合。在数学一边,能够被模型考虑进去的相关因素还太少,雷诺河的情况便清楚地表明了这一点。我们的世界太过杂乱无序,无法用简单模型来描述,自然现象通常基于各种不同的规律性。(哪些模型适用? 它们彼此之间的关系是什么?)此外,数学技巧还无法胜任这项任务——到了 17 世纪末,莱布尼茨发明的微积分大大增加了这种可能性。而在技艺一边,数学家的巧

191

妙解决办法通常会受到忽视，这样做的人往往是有道理的。例如，管风琴师安德烈亚斯·韦克迈斯特设计的键盘乐器调音法在数学上一点也不优雅，但对于音乐实践来说却远比惠更斯的设计更优越，虽然后者最大的优势恰恰是这种数学上的优雅。另一方面，工匠们有时会过分固执于自己已经熟悉的方法。难怪惠更斯要悲叹，在那艘荷兰东印度公司的船上用他的钟表做实验时，负责监督的船长们"受了很多苦，还要因为这项新的经度测量工作而饱受船员们的嘲笑"[①]。此外，工匠们通常缺乏最低限度的数学知识。最后，由于两者之间的社会距离过大，故也难以进行富有成效的交流。

192　　　在那个直接涉及数学家自身兴趣的领域，也就是在涉及他们的仪器时，这种交流相对好些。17世纪，除了望远镜，还发明了一种对于研究至关重要的仪器，那就是摆钟。这种观念同样源于伽利略。他已经发现，振动周期不依赖于振幅，而只取决于摆长。（也就是说，无论从距离垂线多远的地方释放，摆总能在大约相同时间后回到出发点。）然而，不是伽利略，而是惠更斯把摆与古老的齿轮钟结合成为一种准确性前所未有的摆钟。1657年，海牙的钟表匠萨洛蒙·科斯特在惠更斯的详细指导下制造出了第一座摆钟，现藏于莱顿的布尔哈夫博物馆。日常生活中，摆钟非常有用，其误差从每天一刻钟突然减小到每天最多十秒钟。准确的时间测量也使天文学受益匪浅。惠更斯的发明还有更多的影响。摆钟似乎为解决经度问题开辟了道路——整整一个世纪之后，哈里森利用摆钟解决了这个问题。此外，惠更斯还发现，严格说来，只有当

---

① Christiaan Huygens, *Œuvres Complètes* IX, pp. 272—291; p. 289.

摆被迫描出一条特殊的路径——摆线(即滚轮运动时,轮上一点所描出的曲线)时,摆的振动周期才真正不依赖于振幅。他个人认为,这是他所作出的最大发现。而这一发现又把他引入了一个此前无人考察过的数学领域。这个领域迫使他发展出了新的数学技巧,除一般表述外,它几乎已经是后来的微分运算了。此外,他还在其著名的摆的定律中把影响摆的周期的各种因素用数学联系起来。

摆只是许多例子中间的一个,可以揭示自伽利略以来用数学处理的各领域之间的隐藏关联。正是由于这种隐藏关联,才有可能出现巨大的动力——一个领域的进步很容易把有才华的研究者引到另一个初看起来与之毫无关系的领域。我们刚才列举的惠更斯在研究摆时碰到的大部分问题都是他在三个月内带着一种创造性的迷狂发现并加以解决的。需要注意的是,他在1659年10月21日试图解决的问题所涉及的东西似乎完全不同于他在12月6日自豪地向他昔日的老师报告的重要发现——无心插柳柳成荫,这在创造性思维的历史上屡见不鲜。

从原则上讲,从问题到发现新问题,再到新的发现,这个过程可以永远继续下去。我们已经看得越来越清楚,至少这种"实在论的-数学的"自然认识方式的结局是"开放式的"。即使某项研究看起来似乎已经完成,也往往会出现新的视角。事实上,参与这种进程的研究者可以不止一位。发表某一项发现越来越促使其他地方的学者以自己的方式参与其中。在这方面,巴黎和伦敦这两个研究中心起了很大的推动作用(就数学的自然认识而言,巴黎比伦敦起的作用更大)。每周的正式例会总会引发热烈的思想交流。不论是漫步于绿草茵茵的花园,还是在皇家学会的咖啡馆进行热烈讨论,都可能使谈话者产生新的想法。由于有了每月出版的专业期刊(骑马的邮差连偏远地区都能送达)和迅捷的邮递业务,这种交流并未限于巴黎或伦敦,全欧洲的研究者都可以参加。我在前面已经指出,从"亚历山大"到"亚历山大加"的革命性转变也许可以在一种手稿文化中发生,其他两种转变也是如此。但如果没有印刷机,发生在17世纪下半叶的扩展和鼓舞人心的激烈争论是根本无法想象的。

　　"实在论的-数学的"自然认识之所以发展得如此迅速,还要归功于这种自然认识所特有的另外两种动力要素。

　　其一是改写和转变的可能性。开普勒从未把他的三条定律在显著的位置和盘托出。其中两条定律发表在《新天文学》中,第三条则见诸《世界的和谐》。在上述著作中,这三条定律几乎都湮没于大量不甚可靠的主题里面,比如开普勒关于太阳系内部力的作用的构想以及关于行星和声的观念。甚至在后来撰写的教科书中,他也没有突出这些行星定律。开普勒去世后不久,一位英年早逝的天才耶利米·霍罗克斯把它们从这些著作中发掘出来;从那时起,它们才被称作开普勒定律,从某种意义上讲,这要感谢霍罗克斯。在自然认识中还从未发生过类似的事情。来自两种自然哲学体系的成分混合几乎使结果失去了任何关联。这里,富有成效的东西被从一个观念复合体中抽取出来,使之能够发挥有益的作用。直到今天,在现代科学中也还是如此:公式保持不变,其意义则可能发生巨大改变。至少当公式正确时是这样。

　　由此我们看到了新的"实在论的-数学的"自然认识方式中的最后一个动力要素。它在重要性上超出了前面提到的有助于继续拓宽和深化的所有其他要素。这便是所假设的数学规律与联系自然现实对它们的检验之间的复杂关系。在《谈话》中,伽利略曾经两次提到了这种关系:

> 通过原因而获得的关于一种现象的认识,能使我们理解和确定其他现象而无需诉诸实验。[1]
>
> 要想科学地处理这个问题,就必须进行抽象,在没有干扰的情况下揭示和证明了一些定理之后,再在经验为我们设定的界限之内实际检验它们。[2]

195

在第一段话中他说,在研究一种现象时,一旦认识到它在某一特定情况下的数学规律,就可以不必借助实验验证来处理其他情况——我们已经知道了其中的联系。第二段话则要谨慎得多,因为经验将告诉我们所表述的规律性在何种条件下符合实际。第一段话更加符合伽利略的基本信念,即实在最终是数学的,也更好地反映了伽利略本人在研究中的做法。

但这还不是最重要的。更重要的是伽利略在这两段话中已经清楚地指明了一个张力场,无论是当时还是现在,自然科学家,尤其是以数学为导向的自然科学家都必须在这个领域中活动。实验结果可能会产生误导,因为它或许只是源于一种毫不相关的干扰因素,会掩盖背后的数学规律性。而数学抽象也可能产生误导,因

---

① Galileo Galilei, *Opere* VIII, p. 296 (*Discorsi*).
② Ibid., p. 276 (*Discorsi*).

为自然现象的世界是如此不可预测和混乱。认为某个实验结果反驳了你的理论，这样做有时是对的，它可以指向一种更好的理论。而有时暂且忽视一个否定结果可能会更好些。无论如何，当一个结论显得非常具有说服力时，人的头脑可以不理会任何证据；根本不存在对某种说法百分百确定的证伪。但这还不是核心。重要的是，17世纪的一些数学自然研究者发现了这个张力场本身，发现了数学规律性与实验验证的尝试之间的不断互动。情况很快就表明并不存在固定的证伪规则，但有理由相信，这种互动会继续下去。一般规律性与它的实验验证之间的精确平衡必须反复争取，这种平衡每次都处在两极之间的某个地方，伽利略在《谈话》中富有远见地对这两极作了描述。

于是，思想史上出现了某种全新的东西：系统反馈。人有针对性地向自然提出精确表述的问题，自然给出回答。这种回答可能非常精确，不会引起误解，比如使开普勒放弃了自己心爱假说的8弧分偏差。这种回答也可能是斯芬克斯式的，以至于我们最初并不知道应当如何解释它。无论如何，我们可以按照自己的喜好事先想好托辞，人总能说服自己相信任何东西。我们很能顽固坚持一个显然错误的假设，特别是涉及影响我们个人的东西时。（在这里，伽利略的潮汐理论是一个痛苦的例子。）但在科学革命期间被发展成那种新的"实在论的－数学的"自然认识方式的程序的最特殊之处在于，它在批判性检验方面甚至超出了预想。通过把个人因素尽可能地过滤掉，它使得检验达到了最大可能。如果一个人出于顽固、虚荣或自身利益而固持某个论题，则另一个人可以冷静地检验它，并可能认为他得出这个结果太过轻率。

　　除了与实在关系不大的"亚历山大"这一特殊情况，只要听上去似乎有一点道理，在所有自然认识方式中就可能作出任意断言并坚持它。反证据是没有的，因为这根本不可能给出；一般来说，某种断言和与之相反的断言都可以给出论证。结果便导致了一种僵局，争论可能会不变地持续几个世纪。真空便是一个例子：亚里士多德和笛卡儿的追随者们确信真空不可能存在，而原子论者却时刻不能没有真空观念。每一种学说都是基于论证，选择某些看似合适的事实作为论证支持是比较随意的。而帕斯卡却特意做了 [197] 实验，以迫使自然给出明确的说法。如果愿意，自然哲学家仍然可以忽视或重新解释这种说法。只要人决意不让验证性的实验起决定性作用，它们就永远不会起决定性作用。但这种实验把讨论提高到了一个完全不同的层面。

　　在完全基于硬事实和具体材料的技艺领域，情况一直有所不同。对于某个特定的技术问题来说，虽然一般都能找到若干解决方案，但在实践中，有些方案迟早会表明自己是不好的。假如管风琴发出刺耳的声音，桥梁倒塌，你知道这样是不行的。这种明确无误的反馈在以往的自然认识中从未有过。在 17 世纪"实在论的 - 数学的"自然认识中，这种反馈的可能性和限度都得到了探索。在自然认识的历史上，第一次有可能提出一些假设，它们不是仅仅听上去有理，而是——不论它在某一具体情形中是正确的还是错误的——总有事实根据，并且可以得到验证。

"雅典加"变得流行

在 17 世纪，自然哲学也表现出了一定的动力，尽管是以非常不同的形式。特别是笛卡儿发展出来的运动微粒哲学，虽然引起了恐惧和厌恶，但是相对众多有知识的人而言却产生了巨大的吸引力。在支持者和反对者这两大阵营中既有平信徒，也有牧师，偶尔还会有教士或修士。就像在"实在论的－数学的"自然认识方式那里一样，认为所有反对都来自神职人员，所有支持都来自平信徒甚至是无神论者，这种看法是错误的。但笛卡儿的自然哲学为什么能获得这么多支持，甚至是唤起人们的热情呢？它为何能够顺利击败所有自然哲学对手呢？

战胜自然哲学对手本身并不新鲜。在历史上，占主导地位的先是斯多亚派，然后是柏拉图主义，再后来是亚里士多德的学说，到了 17 世纪下半叶终于轮到了原子论，尽管在笛卡儿的特殊加工下变成了"加"的版本。但以前的换班并非毫无道理，我们有理由追问：是何种特殊性质使新的学说变得如此富有吸引力，以至于这一次能够大获全胜？

与其他自然哲学不同，原子论所描述的世界图景一直与我们感官所知觉的世界有显著的差别。笛卡儿的运动微粒理论更是如此。我们所知觉的树其实是由物质微粒聚合成的一个团块。我们所知觉的树的燃烧并不是（就像亚里士多德所认为的那样）土性物质和水性物质明显转变为气性的烟和火，而是与各个物质微粒通过特定的运动彼此分离的本身不可知觉的过程有关。根据微粒论,实在有一种深层结构,关于它,感官只能为我们提供间接的信息而永远无法把握整个实在。

同一时代的欧洲学术界沿着一条充分利用了笛卡儿学说的不同道路恰恰有力地支持了这种认识。两种新的仪器,望远镜和显微镜,都以自己的方式向我们指出了我们感觉器官的界限。无论是只有通过望远镜才能看见的构成银河的星体,还是由低倍显微镜所揭示的精细结构,这些发现都表明人的知觉能力依赖于辅助工具。那么,笛卡儿是正确的吗?似乎如此。早期的显微镜学家甚至早就希望和期待他们仪器的分辨率能够得到提高,到一定时候能够看见笛卡儿在想象中假设的那些物质微粒。至于伽利略以及后来的人作出的望远镜发现,笛卡儿已经凭借高超的技艺将它们成功地融入了他在《世界》以及后来的《哲学原理》中描绘的无限宇宙图景之中。

在数学家那里,关于地球转动的争论一直很有技术性。如果不能很好地了解彗星,不熟悉金星和它的位相以及其他望远镜发现,就很难跟上这种讨论。然而,笛卡儿却把所有这些以及许多其他东西都纳入了一种世界图景,让任何受过大学教育的人都能很容易地理解。此外,每个人都可以就某种现象本身设计出一种解释机制,此时只需要设想特定形状的微粒以某种特定的位形按照某种特定的方式运动。要想革新自然认识,并不需要掌握数学的秘密语言。笛卡儿的哲学为一种不会排斥任何受教育者的群体游戏提供了机会。在 17 世纪下半叶,众多学院派的教科书都心怀感激地利用了这种机会。

笛卡儿革新中的某种模糊性也是它吸引人的地方。当然,笛卡儿明确要求作系统性的怀疑，这为思想创造了活动空间——这吓坏了神学家富蒂乌斯，但另有许多人则认为它非常有解放性。在《对话》中，伽利略也以自己的方式宣传了这种类型的想法。但在伽利略那里，这种新型研究的结果还不太明朗。然而在许多人看来，这一步还是走得太远了。完全独立自主的思考，这听起来似乎很好，但假如我们真的摧毁了脚下所有坚实的地基，你该站在哪里呢？令人欣慰的是，笛卡儿在挑衅性地要求作独立思考之后，立即附上了一句让人放心的话语——"我已经为您做了"。他使我们有机会在森林中自行漫游，不受任何权威的牵制，可以一直开辟道路，一旦出现迷路的危险，便会得到一张指明方向的地图。踏上无人涉足的土地，但却没有风险——对于那些不固守传统或教会教义的人来说，谁能抵挡住这种诱惑？在 17 世纪，很少有学者能够抵挡得住它。

这尤其是因为该学说可以有多个版本。我们已经提到了耶稣会士的大杂烩和莱顿的"新的旧哲学"。整个欧洲都充斥着这种妥协方案。此外，为了解释某种特定的现象，人们可以构造一种与笛卡儿本人不同的机制。可以使原子和真空的支持者（如贝克曼和伽桑狄）与充满涡旋的空间的支持者（笛卡儿本人）之间的严格对立有所缓和。可以按照与笛卡儿不同的方式来解释运动的缺席，即除了笛卡儿的运动定律，再引入一种特殊的静止原则。我们不由得开始担忧，只要有可能就发明看似合理的微粒机制，这种自由是否存在某种界限？或者是否可以说，眼下最时兴任意性？艾萨克·牛顿在 1679 年不无绝望地抱怨"自然哲学中的幻想漫无边际",[①]这样说对吗?

从根本上说,牛顿是正确的。但我们可以看到,从事这种自然哲学的人往往会坚持某些特定的标准。哪些微粒机制可以接受,哪些不可以接受?根据他们在日常工作中所给出的解释,我们可以导出四种标准。

首先,基本观念要清晰明确。贝克曼以及后来的一些思想家会要求一种机制必须在视觉上可以想象。从一种"隐秘的"或"共感的"力,我们想不出任何具体的东西;而由空气的稀释或浓缩所产生的结果却不同。事实上,几乎所有"雅典加"的支持者都以这种视觉的可想象性为标准。笛卡儿本人在清晰分明的推理中创立了这种标准,并把他从"我思"引向了涡旋世界。

与此密切相关的是一致性要求。这种标准也主要是为了获得基础层面的确定性。笛卡儿自诩其推理具有系统性和清晰的次序;整个推理链必须构成一个有序的整体。但在个别现象的层面却几乎没有什么导向:我们终究可以将这些现象解释得与第一原理完全一致。例如,贝克曼有时用弦的振动使空气分裂成的微粒的速度来解释音高,有时则用微粒的尺寸来解释。但问题是,某些解释与第一原理的一致性是否只是表面上的。在历史上,原子论者一直都受到指责,说他们根本无法解释微粒如何能够暂时聚合成更大的团块。是什么特殊"胶水"把它们长时间维系在一起?斯多亚派认为,是普纽玛赋予了物体内聚性,但微粒哲学家当然没有这种东西。必须用极为精细的物质微粒来承担起这项任务,在

---

① Isaac Newton to Robert Boyle, 28 February 1678/9: *Correspondence* II, p. 288.

笛卡儿之后那代微粒思想家手中,这种超精细的微粒已经非常接近斯多亚派的普纽玛——于是,所要求的一致性已经所剩无几。

第三种标准是能否建立起与经验实在的类比。这与数学家那里的类比完全不是一个类型。数学家们经常小心翼翼地、试探性地尝试把一种已知类型的运动的数学规则运用于另一种运动,后者的规律性虽然尚未知晓,但希望能与已知的运动足够类似,看看这样做能取得多大进展。而自然哲学家则总是在运动微粒的微观世界与日常现象的宏观世界之间建立类比。如果贝克曼想解释他的声音微粒如何作用于耳膜,他会把耳膜类比于鼓皮被大大小小的鼓槌或快或慢地敲击。在这些微粒思想家看来,能够建立这样一种与宏观世界的类比,实际上是一个模型符合经验世界的唯一标准。这些微粒及其运动是如此之小,即使在显微镜下也看不到,所以只能与宏观世界中的机制进行比较。作为检验手段,类比的价值非常有限——它能使一种机制变得具体可以设想,但也仅此而已。

事实上,现在还有第四种标准能够抑制住无羁的幻想。这是一个很不正式的概念,现代称之为"物理直觉",即一个模型不能违反"物理直觉"。贝克曼是这样解释声音传播的：弦通过振动把空气分裂成小微粒,并把它们朝四面八方传播开去。对此,笛卡儿简明扼要地评价说："荒谬"。[①] 这是什么意思？该解释在视觉上可想象,与基本观念以及贝克曼关于声音现象的其他观念相一致,与宏观世界的类比也是显而易见的。但笛卡儿清楚地感觉到整个

202

---

① René Descartes to Marin Mersenne, mid January 1630. 引自 Isaac Beeckman, *Journal* IV, p. 177。

想法是错误的。而在其他一些情况下，贝克曼和笛卡儿都正确地认识到某种特定的现象背后可能隐藏着什么机制。笛卡儿把声音的传播与波动观念联系在一起，贝克曼则认为不谐和音是由差频引起的。他们对这些思想的阐述并不完全正确，甚至也不可能正确，但这些例子表明，这两位思想家与众多追随者不同，绝不是在胡乱作哲学。他们都拥有所谓的"物理直觉"，即一种虽然并非绝对可靠、但在某些情况下非常敏锐的对隐秘关联的洞察力。在自然科学中，伟人与一般人的区别正在于此。

　　然而，即使这四种标准加在一起也无法防止无羁的幻想，它还要在相当长的时间里属于"雅典加"。在先驱者之后的那代人中，除了一帮有学问的空谈家（通常是只会思辨的安乐椅上的哲学家），也有一些训练有素的思想家在寻求更进一步的标准。这里，数学显然是一种辅助工具。于是，伽利略学派的医生和数学家乔万尼·阿方索·博雷利便用几何形状来检验微粒机制。例如，并非任何几何形状都适合堆积在一起。如果想用某种特定类型的微粒堆积来解释诸如水结冰这样的自然现象，那么微粒的形状只可能是棱柱或空心锥形，其他形状均被排除在外。从今天的物理学标准来看，博雷利在其研究中为这一现象以及类似的现象设计的机制简直是荒谬之极。但其思想却是基于一种理性的观念，即数学最适合为科学家所不可或缺的幻想设置界限。

　　克里斯蒂安·惠更斯是博雷利的同时代人，他通过许多巧妙的方式进一步思考了这种理性观念。他的父亲康斯坦丁·惠更斯是笛卡儿的好友，《哲学原理》一问世，克里斯蒂安就立刻拿来读了。半个世纪之后，即将走到生命终点的 64 岁的惠更斯对这段经历的回忆如下：

> 他关于微粒和涡旋的新图景很有趣。我第一次读《哲学原理》时，觉得一切都很合理。假如碰到难懂之处，问题肯定在于我还无法完全理解他的思想。当时我只有十五六岁。[①]

在接下来的文字中，惠更斯几乎让这种最初的印象彻底破灭。无论是笛卡儿当时写下的所有非数学洞见，还是整个不全则无的（all or nothing）思维风格，他都批判性地加以拆解。他不无尖刻地指出："笛卡儿先生有一种天赋，能够将猜测和虚构变为真理。"[②] 惠更斯很早就发展出了数学方法来制服笛卡儿的微粒幻想，在下一章我们将会看到他是如何做的。但老年的惠更斯在生动地追忆自己年轻时的阅读经验时，还是透露了笛卡儿整个体系的魅力曾经对他的控制。进入成熟之年的人可以断然拒绝甚至必须拒绝这样一种僵化的思想大厦，它偏狂地从一个起点来描述和解释整个世界以及与此相关的一切——如果有谁在年轻时没有感觉过这种诱惑，那么他到老也做不成真正伟大的事情。像卢梭的《社会契约论》、马克思的《资本论》或笛卡儿在《哲学原理》中设计的那种偏狂的总体系永远都会有市场。

但问题仍然是，在几个世纪以来所设计的诸多总体系中，为什么恰恰是这个体系以及几个类似的体系这么快就能获得大量支

---

① Christiaan Huygens, *Œuvres Complètes* X, p. 403.
② Ibid., p. 403.

持者呢？值得注意的是，支持者可能来得快，去得也快。这里起作用的是我们在 17 世纪的微粒狂热那里看到的模仿效应吗？然而，是什么造成了这种效应？为什么只有这个以及其他几个思想体系能产生这么大的影响？这是历史的巨大谜题。克里斯蒂安·惠更斯以其特有的温柔讽刺给了我们一个暗示。在讨论笛卡儿的关键部分，他最后写道，这个人"花了很多精力来构建这个全新的体系[……]，并且为它赋予了一种很有可能的表面印象，以至于无数人会对它很满意、很享受。"①

很有可能的表面印象，的确如此！人的心灵向来容易受到思想体系的诱惑，因为一切事物都能在其中找到唯一正确的解释。惠更斯在这里暗示，笛卡儿属于那种非常罕见的作者，他认为自己的世界图景正确无疑，然后会向读者进行兜售——至少一段时间内会是如此。

探索型实验取得进展

从大约 1660 年起，"探索的-实验的"研究活动在巴黎科学院的耶稣会士当中，尤其在英国皇家学会及其周围迅速传播，这极大地得益于实验在世界观上的中立性。另一个原因是对实际应用的培根式的期待，无论这种期待是否能够实现（一般情况下不能）。最后，"发现"本身当中已经蕴藏着一种强大的激励。此时，人们已经普遍认识到，世界中自然现象的丰富性远远超出了我们的感

205

---

① Christiaan Huygens, *Œuvres Complètes* X, p. 406.

官所及,因此从原则上讲,无限的研究领域已经展现出来。问题不在于如何找到值得研究的东西,而在于如何对自然中许多隐藏的现象和性质进行有秩序地整理。这里也存在着如何防范潜藏的任意性的问题,不过与运动微粒哲学中的情况完全不同,这里的任意性表现为漫无目的地收集事实。

它并非总能成功。特别是培根的列表法根本不管用。他曾把围绕一个核心主题的现象列表称为"自然志"(natural history)。在整个 17 世纪,许多研究者都开始针对颜色、空气乃至各种各样的技艺做这样一种"自然志",但这些庞大的研究很少能够完成。在其他领域,纯粹地收集物品和事实往往因其难以计数的数量而失败。奇物收藏开始出现,并且在私人博物馆中展出,但奇物目录并不总能在收藏者生前完成。源源不断从热带地区进口的无数未知的植物意味着对植物王国传统分类的结束;直到 18 世纪中叶,卡尔·冯·林奈才成功地完成了新的分类。

206　　"探索的-实验的"研究更好地避免了这种一直构成威胁的混乱无序。在这种研究中,有四种新仪器起了至关重要的作用,吉尔伯特、哈维和范·赫尔蒙特等先驱者用系统的实验最先开辟出来的四五个领域也自然而然成了关注重点。这些领域是磁、电、身心健康、化学和炼金术。新的仪器是乐器、望远镜、显微镜和空气泵。当然,乐器本身并不是新的,这里所谓的新是指小提琴、管风琴和小号在 17 世纪也开始服务于自然研究。空气泵是如此吸引人——尤其是因为用它做了一些精彩的实验——以至于成了 17 世纪下半叶欧洲自然研究革新的象征。

马格德堡市长奥托·冯·盖里克最初正是用空气泵制造出了

托里拆利真空。水银管并不很实用,几乎只能用来做气压计。根据帕斯卡的实验,它很快就被用来测量大气压:水银柱与周围的空气保持平衡(这是帕斯卡多姆山实验的基础),这一思想也可被用来测定大气压。水银柱的上升或下降对应于大气压的上升或下降,根据水银柱的标度便可以测定大气压,这是天气预报的基础。不过,气压现象还提供了其他可能性。我们能使其中蕴藏的巨大力量变得可以测量,使它变得昭然可见,也可以尝试让它服务于公共事业。盖里克考虑的主要是第一点和第二点。最近,人们在赞丹(Zaandam)重新演示了他用"马格德堡半球"所作的著名实验。把两个铜制半球用垫圈严密合拢,再从空腔中抽出空气,最后,分别由八匹马组成的两组马队没有将两个半球拉开。

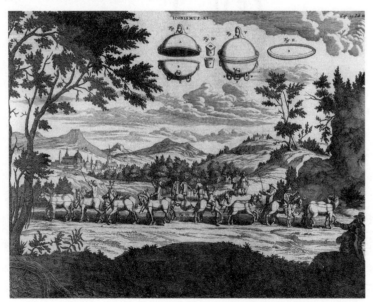

图 5.2　奥托·冯·盖里克的马格德堡半球实验

　　读了盖里克的实验报告之后，克里斯蒂安·惠更斯立即想到可以利用大气中蕴藏的巨大力量。这对惠更斯来说很典型：他在认识别人时会冒出许多想法，然后他会默默回应道："我可以做得更好。"这里是指设计一种火药内燃机。

208

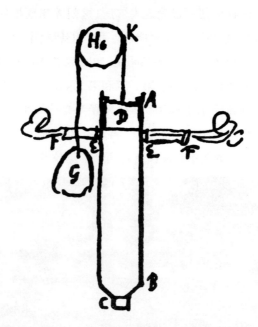

图 5.3　惠更斯设计的火药内燃机

　　容器 C 内含火药和一根点燃的引信，把 C 安装到汽缸 AB 上，使之封闭。根据惠更斯的说法，爆炸将空气由潮湿的皮管 EF 排出汽缸。现在汽缸是空的，空的皮管松垂下来。然后，大气压力把活塞 D 压到汽缸底部，从而经由滑轮 K 提起了重物 G。这样便完成了一个动力冲程。惠更斯认为，内燃机适用于喷水池、立方尖碑以及驱动碾磨机等无法用马来完成的工作——火药内燃机还有一个优点：它在不用时不会吃燕麦。

这种形式的设计是无法使用的。惠更斯的巴黎实验室助手德尼·巴本保留了金属汽缸,用水取代了火药,并且加热它。汽缸的突然冷却使蒸汽凝结,于是便形成了真空,就像巴本正确猜想的那样。但是要想应用这个改进的版本,还有几个技术问题需要解决。直到 18 世纪初,英国铁匠托马斯·纽可门才出色地解决了这些问题。在超过半个世纪的时间里,英国矿山普遍使用纽可门制造的这种"火机"来抽掉地下积水,直到 1765 年,詹姆斯·瓦特才彻底改变了它的设计,从而诞生了蒸汽机。作为可普遍使用的动力工具,蒸汽机成了工业革命名副其实的引擎。过了一个多世纪,主要作为一种意识形态的培根的梦想终于变成了现实。不过,在稍作展望之后,我们现在要重新回到 17 世纪空气泵异乎寻常的经历中去。

除了展示大气压力的效果,并试图实际利用大气压,研究者们制造出真空主要是为了实验研究。在这方面,除了盖里克和惠更斯,最出名的莫过于罗伯特·波义耳和他的助手罗伯特·胡克,后来胡克作为"实验管理员"使皇家学会不致沉迷于太过琐碎的问题。他制造的空气泵曾把一个玻璃球抽空到(根据后来的估计)大约 20 毫米汞柱的残余气压。

因此,他们虽然并未造出真正的真空,但已经很接近了。人们很快就对各种东西在真空中的行为作了研究。有些行为可以预言得相当准确。几乎没有人会感到惊奇,当空气泵工作时,密闭容器中的动物很快就会断气(根据笛卡儿的观点,它们根本就没有灵魂),时钟的滴答声也会渐渐消失。更加扣人心弦的是,1671 年 3 月 23 日,罗伯特·胡克曾在一个抽出了四分之一空气的房间中待了 15 分钟,他的情况会如何? ——最后他健康清醒地走了出来,只是耳朵微微有点痛。而从外面加热的抽空容器中两种物质的命运却完全无法预测。当与空气重新接触时，红宝石很快就化成了灰，而黄油却一直完好无损，它简直对这种惊险活动无动于衷。

210

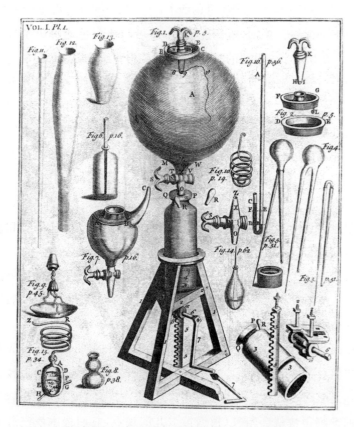

图5.4　波义耳和胡克的第一个空气泵

　　有了这些发现，就可以写出详细的"自然志"了。事实上，皇家学会很看重细节，在如何写报告方面有自己独特的标准。特别是学会秘书亨利·奥尔登堡,同时也是《哲学会刊》(*Philosophical Transactions*)杂志的编辑和出版人,要求对实验作出恰当描述。实验报告必须是事实性的,不能有修辞技巧、华丽词藻或个人的离题。其座右铭是,"不要词,而要物"。报告应当细致到能够使所有 211 不在实验现场的人(因此几乎是所有人)都确信,实验就是这样进行的。这非常不同于数学自然认识中极为简洁的验证性实验报告。除了佩里耶的那份详细报告是例外,帕斯卡的实验描述都是这样一个模式:"如果这样做,就会产生我的理论所预期的那种结果。"这种类型的描述更加着眼于一般情况而非特殊情况。这立即引起了波义耳的怀疑(这往往不无道理),即帕斯卡是否真的做了他所描述的那些真空实验。于是,波义耳作了完全不同的描述,其模式是这样的:"在我依次列出的这些特定条件下,我观察到最先发生了什么,之后发生了什么,再后来发生了什么,X 男爵和 Y 先生也观察到了同样的东西。现在,请允许我就所有这些结果作出如下可能的解释。"

由此我们要问,皇家学会的实验者作出可靠描述的这些数以百计的实验之间有何关联。如何在杂多中创造秩序,如何发现哪些说法有效,哪些无效?从本质上讲,这个问题正是我们在本章中讨论另外两种革命性的自然认识方式时所研究的问题。它甚至是后来一切科学研究的核心问题。我们目前关注的这个时期的特殊之处在于,这个问题第一次明确而紧迫地摆在了大家面前。现代科学有一整套方法可以把可靠的说法与单纯的思辨区分开来,虽然并非万无一失,但却有效。这些方法在 17 世纪第一次被寻找和试验——在数学的自然认识方式中是一种方式,在自然哲学的自

212 然认识方式中是另一种方式，在我们现在讨论的"探索的－实验的"自然认识方式中则是第三种方式。这里，我们不再仅限于真空，而是针对整个"探索的－实验的"研究来提出这个问题。要想回答这个问题，我们需要考察许多有待克服的障碍以及可以求助的为数不多的手段。

最大的障碍是大自然的变化无常，这一点我们在实验研究中经常可以看到。我所说的"变化无常"并非是指那种使简单模型在数学的自然认识中经常不够用的"杂乱"，而是指更多的东西，即那些令研究者——至少是开始时——大惑不解的现象，比如在真空中加热红宝石和黄油的不同结果。甚至还有更糟的：

> 无生命物体的狡诈最明显的表现莫过于摩擦电现象。早期的理论家们试图在这里发现某种规律性，但其变化无常一次次使他们的希望落空。让我们考虑一下绝缘体表面和周围空气中潮湿的影响。早期电学家发现，与水接触会使像琥珀这样的通常很容易起电的物体变得无力起电，但他们对潮湿的作用并没有充分认识。在闷热潮湿的夏日，或者如果有许多出汗的观众在场，那么平日里经常成功的实验可能会突然莫名其妙地失败；而正在汗流浃背干活的实验者也帮助驱散了他正在试图收集的电荷。①

---

① J. L. Heilbron, *Electricity in the Seventeenth and Eighteenth Centuries: A Study of Early Modern Physics* (Berkeley and Los Angeles: University of California Press, 1979), p. 3.

不仅是某些自然现象难以捉摸,而且观测不准确、材料缺陷或污染都可能成为障碍。许多化学反应的结果难以解释,可能是因为参与反应的物质受到了污染。此外,大部分实验研究都是用仪器做的,这些仪器也可能有各种缺陷。如果研究一下罗伯特·胡克、安东尼·凡·列文虎克和扬·斯瓦默丹等微观世界的伟大探索者的显微镜观察,就会惊叹于他们的创造力和技巧,比如当他们只借助于阳光或一根蜡烛来照亮那些物体时。特别是,他们能够非常好地区分真实的现象和比如由透镜上的划痕所造成的虚假效应。对于像乔万尼·多米尼科·卡西尼这样的伟大的望远镜观测者来说,在观测时力图系统地消除误差来源也很重要。因此,卡西尼甚至派了一位助手去第谷·布拉赫的天堡天文台遗址,用当时能够得到的仪器精确测定了地理经度和纬度。只有这样,卡西尼才能把他自己关于恒星和行星位置的望远镜观测与一个世纪之前第谷所作的观测进行足够精确的比较。

213

既然有这么多障碍需要克服,难怪实验者在作解释时一般都很谨慎。这种谨慎还有另外两个原因。其中一个原因我们已经知道:"解释"一直是自然哲学家的领域,它在巴黎科学院和英国皇家学会并没有被看得很高——实验之所以被欣然接受,恰恰是因为实验不必像自然哲学那样有世界观的负担。另一个原因则是清楚地认识到了每位研究者所存有的偏见。关于这一点,培根颇有几句妙语。人的心灵远不是一面光洁平整的镜子,能够不加歪曲地反映实在。它是一面"魔镜,充满了迷信和欺诈"①。我们必须

---

① Francis Bacon, *Works* I, p. 643（'De augmentis scientiarum', liber 5, caput 4）.

始终警惕自己的倾向，不要鲁莽地跨过观察与概括之间的鸿沟，或者固持己见。

尽管有这么多理由表明由实验观察得出结论应当谨慎，但大多数人仍然忍不住在混乱中引入一些秩序。如果没有一种理论指导就无法继续前进。恰恰是理论能够从一个实验引到下一个实验，从而产生一系列渐进式的结果。这在最优秀的研究者那里可以分为三步：先是基于某种特定的世界图景进行理论建构；然后是实验的系统推进和理论的逐步完善与调整，它们之间可能会相互影响。一般来说（但并不总是这样），这种基本的世界图景会以运动微粒的观念为核心。但思维方式并不是那种解释一切的、教条式的自然哲学，而是更具实用性。这种类型的世界图景鲜有一致的或者是无矛盾的。因此，各种魔法的和活力论的观念才会发挥作用，同样影响了理论建构。

相应地，结果的质量也各不相同，有近乎荒谬的，也有真正出色的。判断标准几乎没有。在巴黎科学院和英国皇家学会都发展出了一种健康的对幼稚解释的不信任，一些著名的耶稣会士有时会向公众提供这种幼稚解释。在事实层面，判断标准当然是实验结果的可重复性——实验报告之所以要写得很详细，部分也是为了这个目的。但即便如此，我们也不会有一种永远可靠的判断标准，就像我们在摩擦电的例子中看到的那样。在理论建构层面，不可避免地会出现激增。比如大多数耶稣会士都认为，之所以会产生电，是因为琥珀受到摩擦时会张开其孔洞，发出精细物质，使周围的空气变得更加稀薄，当空气恢复原先的浓度时，又会把纸屑等轻物推向琥珀。而伦敦的研究者则坚持吉尔伯特对电吸引的解释，认为电以粘性细线的形式流出。他们为什么会偏爱这一种解释而不是另一种，并没有决定性的理由。在研究过程中，对选择起决定性作用的往往是隐藏于解释努力背后的国籍、世界图景等因素。

实验研究最有价值的成果之一是，列文虎克发现他的精液中充满了数以百万计的"微动物"，他当时抛下仍在呻吟的列文虎克夫人直接把精液从婚床拿到了显微镜之下。（他在自己的报告中提到了这一重口味的细节；否则，他那些精通《圣经》的读者可能会疑心，他是通过亲手犯下俄南之罪而获得了这一研究对象。）五年前，他的代尔夫特的同事赖尼尔·德·格拉夫发现一种东西，并认出——基本上是正确的——那是雌性的卵（卵泡）。当然，接下来便是卵源论者（ovists）与精原论者（animalculists）[或直译为"微动物论者"——译者]之间的一场暂时无法解决的争论：卵源论者认为卵在人类和动物的生殖中占优先地位，而精原论者则认为"微动物"占优先地位。

一般而言，实验研究本质上是定性的。在少数情况下，量起主要作用，通常通过测量来获得。这不仅涉及通过望远镜对恒星和行星位置的测定，或者路易十四委托卡西尼进行的投资甚巨的国土测量计划，而且涉及宇宙的大小，它将在不到四分之三个世纪里极大地扩展：从直径为地球半径的两万倍扩展到无穷大，恒星之间的距离只能以光年计。

在天文学之外，量也起到了一定作用，特别是波义耳发现的气体压力与气体体积成反比（即所谓的波义耳—马略特定律）。此外，在当时仍然联系紧密的化学和炼金术中，量也是至关重要的。尤其是乔治·斯塔基和艾萨克·牛顿在炼金术的实验研究中对物质

215

的称量所达到的精确性甚至远远超越了范·赫尔蒙特在这个领域中的成就。当时已经有许多人非常怀疑炼金术的核心思想,即金属可以在土地里成熟,且我们可以人为地加快这一进程。长期以216 来之所以会有这种不信任,并不总是因为像后来那样,给炼金术贴上迷信的标签,将其从科学中驱逐出去。对于 17 世纪来说,把开明的科学家与迷信的大众严格区分开来是不符合历史事实的。我们很容易找到对巫术、通灵术或驱鬼深信不疑的出色的自然研究者,也很容易找到不认同这些民间信仰(尽管多是出于《圣经》中的理由)的反对新自然认识的人。

在一些研究领域,理论与实验的互动非常富有成果,甚至可以说是逐步改进。其中有三位研究者达到了很高水平:耶稣会士弗朗切斯科·拉纳·德·特尔齐由一种对电吸引的解释(这种解释在部分程度上是他本人作出的)提出了电排斥的可能性,并且用一系列美妙的实验支持并进一步描绘了这种可能性;英国皇家学会会员弗朗西斯·罗巴茨在一次每周会议上为以前发现的弦的波节与小号的自然全音之间建立了关联;而在遥远的博洛尼亚,通过细致的显微镜比较研究,皇家学会的通讯会员马尔切洛·马尔皮基获得了关于人和动物腺体分泌的具有持久意义的结果。

最后,马尔皮基的例子还启发我们思考这样一个问题,即实验研究是否以及在多大程度上有实际用处。他晚年时曾经受到一个叫吉罗拉莫·斯巴拉格利亚的人的猛烈攻击。这个自以为是的年轻人认为马尔皮基教授在医学院没有位置,他属于哲学家;毕竟,医学的目标是治病救人,但马尔皮基这 30 年的研究活动给出的所有实验、理论和解释却没有为哪怕一个病人的康复作出过丝毫贡献。为了抵御这种危及他的声誉、地位和收入的攻击,马尔皮基草拟了一张很长的清单,表明医学从他以及胡克、列文虎克、斯瓦默丹等显微镜学家的研究那里获得了多少益处。这张清单既有悲剧 217 色彩,又富有教益。如果我们批判性地审读它,并且不会因为对一个刚愎自用的窝囊废抨击一个功勋卓著的人的本能厌恶而受到影响,那么我们不得不说,斯巴拉格利亚是正确的。这张清单只是令人信服地表明了斯巴拉格利亚毫不否认的东西,即马尔皮基使我们更好地理解了与疾病和健康有关的大量现象。不过,有两种完全无害的肾病被发现,由这种更好的理解恰好带来了更好的治疗。如此看来,马尔皮基与斯巴拉格利亚的冲突例子表明了新的自然认识方式得到实际应用的情况并不理想:直到 17 世纪末,还几乎什么也看不到。

由所有这一切我们可以得出以下结论:在 17 世纪,人们通过"探索的－实验的"研究获得了一些具有持久意义的结果,但还很难付诸实际应用。如何理解变化无常的大自然,这个核心障碍虽然得到了极具创造性的处理,但在理论层面,尽管有各种努力,仍然很少得到解决。即使成功了,一般也缺乏可靠标准来评价解决方案。在这里,任意性似乎也以一种与在自然哲学中完全不同的方式最终取得了胜利。有人会问,是否可能在根本上有所改变。回答是:"是的。"

第六章　继续转变

读者朋友们，也许前一章使您感到在新自然认识的房子里参观了三个不同的房间。您先是参观了厨房，然后是客厅，最后看了杂物室。每个房间的家具都完全不同。每一种自然认识方式不仅结果不同，而且思维风格、技艺和限制任意性的方式也各不相同。换言之，三种自然认识方式都有自己独特的工作方式。因此，我们仍然发现壁垒森严，这种壁垒第一次见于古典世界中"雅典"和"亚历山大"的各行其是。在此期间，"雅典"和"亚历山大"以及第三种自然认识方式在欧洲都发生了革命性转变，但还远未开始结束分离的局面。诚然，有少数人，特别是惠更斯和年轻的牛顿，不仅从事了"实在论的-数学的"自然认识，而且参与了探索型实验，但他们也可以说是各行其道。两人的表现截然不同，他们会各自遵循在他们那里流行的思维风格以及行为方式（并做出一些出色的发现）。

然而，正是惠更斯和年轻的牛顿（再加上波义耳和胡克）有史以来第一次在某种程度上打破了不同自然认识方式之间的壁垒，至少是在这些壁垒之上成功地打开了大的缺口。

打破壁垒

关于这种壁垒缺口的打开可以区分三个层面。首先是政治宗教背景，我们可以称之为"威斯特伐利亚精神"；其次，在三种革命性自然认识方式内部有一些主题多多少少可以作些偶然的跨越，如测量和通过运动微粒来思考；此外，不同自然认识方式之间的分界线第一次被跨越，这是一个事实。这种跨越带来了两种新的同样是革命性的转变。在碰撞、圆周运动、光和化学反应等特定主题中，两种不同的自然认识方式成功地结合在一起。只要把微粒哲学从教条式的认识结构中解放出来，视之为一种可能富有成效的假说，便可能产生部分组分的融合。这种从教条到假说的转变是决定性的一步，惠更斯是伟大的先行者。

这一切听起来似乎很抽象。现在我们来看看它具体是如何发生的。

1648 年的《威斯特伐利亚和约》和 1660 年的英国王政复辟共同展示了激进转变的前景。人们不再想使冲突加剧，而是试图化解冲突。和解的意愿和准备作出一定程度的妥协越来越决定着欧洲的气氛。这种新的精神首先体现在政治和宗教领域，但很快也扩展到了与之密切相关的自然认识领域。少数人早已显示出了和解精神。法国修士马兰·梅森便是一个突出的例子。大约从 1625 年至 1648 年，梅森在巴黎的修道院几乎与欧洲所有对新的自然认识感兴趣的人都有过通信。他到多德雷赫特拜访了贝克曼，在那里浏览了贝克曼的日记。他是笛卡儿的朋友，在荷兰逗留

219

期间，他成了最新巴黎闲话的永久信息源，特别是流传的那些关于
笛卡儿的闲话。梅森试图把自己的通信网络扩展到同样受人仰慕
的伽利略那里，但没有成功。他爱好和平，真正关心别人，所以注
定很讨人喜欢。在许多一心只想着自己和自己的使命、急躁鲁莽
的自大狂当中，他是希望的曙光。梅森本人有时对宇宙和谐的不
无睿智的研究把混合数学（这是他从耶稣会士那里得知的）与实验
（通常是探索型的，但偶尔也有检验型的）作了一种不太一致的结
合；只要可能，所有这些还配有计算。只是对于他的主人贝克曼和
朋友笛卡儿所宣传的不断运动的微粒，他觉得很难办。于是，他默
默地去掉了从贝克曼那里借来的音乐理论的重要部分所基于的微
粒机制。

　　自《威斯特伐利亚和约》和英国王政复辟以来，这种对不同方
法的实用主义处理是司空见惯的。自然哲学家与擅自闯入自然哲
学领地的革新者之间的激烈争论终止了。托马斯·霍布斯仍然属
于古典自然哲学风格的思想家。由于他本人的运动微粒理论版本，
他曾就空气泵的钟形罩下是否有真空这一问题与波义耳展开了一
场无望取胜的争论。事实上，霍布斯的第一原理已经排除了这个
结论。就像半个世纪之前伽利略在比萨的对手所做的那样，霍布
斯很清楚要抓住其对手立场中无可置疑的弱点。于是，他不无根
据地指出，波义耳的空气泵像漏勺一样在漏气，波义耳喜欢利用某
个实验的古怪结果来获得承认。但是在王政复辟时期的英国，这
种吹毛求疵已经站不住脚，霍布斯仍然是一个局外人，事实上，他
一直被怀疑是一个无神论者——半个世纪以后，世界的样子已经
完全不同了！

在妥协与和解中，通过某种程度的跨越而实际产生的新的自然认识的一个方面是测量。这可能会让那些认为数学和量实际上是一个硬币的两面的人感到惊喜。伽利略的确认为这个世界是数学的体现，但这并不意味着他同时也会对相应的量感兴趣。他推导出了下落速度与距离和时间的关系，但并未提出下落物体在一秒钟之内走过多少距离的问题。注意到伽利略的工作之后，耶稣会的里乔利神父和梅森修士都想弄清楚这个问题。两人都辛辛苦苦作了极为费时的摆的实验，结果主要产生了虚假的准确性。根据他们充满了复杂计算的详细报告，惠更斯了解了这个问题。由于受过伽利略思想的训练，惠更斯立刻把它从混合数学和探索型实验的领域重新拉回到"实在论的 - 数学的"自然认识领域。正是从这个朴素的问题出发，他开始了三个月的发现狂热。牛顿的《自然哲学的数学原理》问世以后，我们所谓的引力常数正是源于惠更斯的一项非常重要的发现。于是，到了 17 世纪中叶，数学比例和量的确定已经彼此靠近。

这最强烈地表现于望远镜天文学。从技艺领域被发明出来后不久，望远镜已经成为一种主要为数学的自然认识服务的仪器。惠更斯进一步发展了它，为其配备了精确的刻度，从而在 60 年代中期把望远镜变成了一种测量仪器。

与测量相比，运动微粒更适合作这样一种跨越。我们在博雷利那里已经看到了这一点，它还表现于一些探索型的实验者为了解释某种实验结果而提出的背景世界图景。因此，集勇敢的丈夫、天才的观察者和不够精细的理论家于一身的列文虎克，总是用微粒来解释他通过奇妙的透镜所看到的一切。他仿佛是把微粒与自己的观察联结在一起，但并没有让一方对另一方有更进一步的帮助。而博雷利却从运动微粒出发，担心思考它时幻想过于失控。于是他认为可以用几何形状对幻想加以限制。

这使我们看到了一个非常关键的问题：无论是运动微粒的哲学还是"探索的－实验的"研究都有高度的任意性。我们在前一章看到的限制任意性的努力并不是很成功。于是，人们想到可以通过与"实在论的－数学的"或"探索的－实验的"自然认识——不是松散地，而是牢牢地——联结起来，从而使运动微粒摆脱其幻想性特征。这的确是可能的，其具体经过只需看看先驱者之后的那代伟人：惠更斯、波义耳、胡克和年轻的牛顿。也就是说，惠更斯和年轻的牛顿先是认识到可以通过数学来限制运动微粒，然后，波义耳、胡克和年轻的牛顿又认识到可以通过探索型实验来限制运动微粒。于是，在从大约 1600 年到 1640 年的三种革命性转变之后，从大约 1655 年到 1684 年又发生了第四种和第五种革命性转变。

关于这四位第二代革命者中间的一位，我还要简单说几句。为什么我总是说"年轻的牛顿"？我是想区分他一生中的两大创造性时期。1665 年到 1668 年（他著名的"奇迹年"），牛顿独立于惠更斯完成了第四种转变；1669 年到 1679 年，他通过与波义耳和胡克的思想交流，参与了第五种转变；在 1684 年至 1687 年期间，思想已经成熟的牛顿完全独立地作出了第六种转变，使人印象最为深刻的成果就是他的运动定律和万有引力定律。我们现在就来依次考察这三种转变。

用微粒扩充数学自然认识：
惠更斯和年轻的牛顿

　　要想把运动微粒的哲学与另外两种自然认识方式中间的一种牢牢联结在一起，一个必不可少的前提是先把它从"雅典"的认识结构中解放出来。对全知和绝对确定性的古老要求必须首先从中剥离。从1652年到1656年，惠更斯完成了这一杰作。其诱因是碰撞问题。

　　问题？为什么是问题？笛卡儿难道没有在《哲学原理》中提出并解决微粒或物体如何碰撞的问题吗？他当然这样做了，惠更斯十五六岁时就不加批判地接受了诸如此类的说法。但几年以后，惠更斯在莱顿学习时接触了数学的自然认识。他先是以"亚历山大"的方式从事这种自然认识，并且天才地完善了阿基米德的工作。但在熟悉了伽利略对运动现象的研究之后不久，他最终转到了"亚历山大加"的阵营。1652年，23岁的惠更斯从这种新的角度再次研究了笛卡儿的碰撞定律，经过更仔细的审查，他发现了一些奇怪的事情。比如笛卡儿宣称，当一个小球碰上一个大球时，小球会以相同的速度弹回，而大球则留在原处不动。如果用两个悬挂在细绳上的弹子球做试验，我们将会发现，大球肯定也会运动。我曾经在莱顿的布尔哈夫博物馆帮助组织一个惠更斯展览。我们希望观众能有机会看到惠更斯与笛卡儿的碰撞定律之间的差异。我们只能把较大的弹子球用一根木棒固定在墙上来演示笛卡儿的碰撞定律。

笛卡儿以完美的雅典方式由他的第一原理导出了他的碰撞定

224　律——这预先赋予了它们以确定性。但与此同时，他很清楚自己关于弹子球的大多数定律是失效的。只不过在他看来，这根本没有关系。在他的涡旋世界中永远都有碰撞发生，但这种碰撞从来都不纯粹，因为毕竟所有微粒都同时在运动。根据伽利略的方法，必须把所有干扰因素从思想中去掉。但在笛卡儿的世界中，却无法除去涡旋。它们绝非可以抽象掉的干扰因素，恰恰相反，它们是自然界的核心。弹子球游戏不说明任何问题。

惠更斯断断续续用了四年时间研究碰撞问题，在此期间，他曾为他的双重忠诚而作思想斗争。一方面是笛卡儿的《哲学原理》不久前给他留下的深刻印象，另一方面则是最近出现的一种信念，即运用伽利略的方法，数学的自然认识也可以实际研究自然。伽利略并没有研究来自不同方向的不同大小的球碰撞时会发生什么——这个问题在运动微粒的世界中会更明显。但伽利略研究运动现象的一般方法是有推论的。以"亚历山大加"的框架来看，弹子球实际上是一次实验检验，表明笛卡儿的定律根本站不住脚。当然，极为坚硬和光滑的象牙球在极为光滑的呢绒上的滚动从来也没有完全符合理论预期的结果。惠更斯承认，就此而言笛卡儿是相当正确的。但他现在极具革新性地进一步主张，如果有两套规则，而且在台球桌上已经发现，其中一套与经验直接冲突，另一套则与经验相当接近，那么就等于明确暗示，第一套规则弄错了，应当暂时假定第二套规则是对的。由此我们看到，惠更斯正在对"亚历山大加"进行重要的完善。当然，验证性实验的结果与理论预言总会有点偏离，但我们可以重新用一个数学模型来试图表达这种偏离。

　　惠更斯远离笛卡儿的不仅是是否可以允许偏离的问题。运动 225
的相对性是伽利略运动理论的核心。运动的相对性表明,无论是
小球碰大球还是大球碰小球,这两种情况是一样的,只不过改变了
一下参照系。但是在笛卡儿的规则体系中,哪个球碰哪个球却关
系甚大。这里笛卡儿的错误尤其明显,因为他也提出过一个运动
的相对性原理,只是在推导碰撞定律时没有想到它。

　　于是,惠更斯开始借助这条运动的相对性原理来寻找也能使
台球手满意的新的碰撞定律。如果不考虑数学表述,则他所提出
的定律直到今天仍然会在物理课上讲授。惠更斯从一个特殊情况
出发,即两个不同大小的弹子球彼此接近,且两者的重量与速度的
乘积是相同的。在这种情况下,两球会各自以碰撞前的速度弹回。
现在,如果给小球在其中发生相互碰撞的空间一个任意的速度,就
可以确定其他任意一种可能设想的情况。因为如果小球在特殊情
况下彼此远离,则它们在所有情况下都会彼此远离,而且是以完全
相同的速度。在布尔哈夫博物馆,为了演示惠更斯的这条碰撞定
律,我们没有把大球固定到墙上;它在与小球相撞时的行为与预期
符合得很好。

　　惠更斯对其碰撞规则的推导并不只是基于这种对运动的相
对性原理的一致的运用。起初,他在推导时曾试图运用"碰撞力"
(collision force)这个概念。他假定在速度传递的瞬间,一球对另
一球施加了一个力使之弹回。但他很快就放弃了这种想法。在更
仔细地思考之后,他认为"力"这个概念太过模糊,他不想在这里 226
吃亏。我们不由得想起了在魔法世界图景中起关键作用的隐秘的
吸引力和排斥力,笛卡儿曾经试图用其涡旋世界彻底根除这些力。

在这方面，而且也只是在这方面，惠更斯一直是笛卡儿的追随者。在其他方面，他都与笛卡儿的学说发生了决裂，这种决裂是他在研究碰撞的过程中完成的。惠更斯不再相信自己知道世界是如何构造的，不再以"雅典"式的第一原理为基础。他大体上知道世界是由遵循着某些运动定律的微粒构成的，而这些定律必须能用数学来表达。但无论是这些定律本身，还是表达这些定律的精确机制，都不能由一种关于世界构造的先入之见推导出来，更不要说确定地推导出来了。关于我们就这种或那种机制所作的结论，我们最多只能称"有可能"。

这些都是激进的甚至是革命性的观点。惠更斯造成了一种"没有发生什么特别之事"的外表，这种自然认识史上的重大突破起初并没有被注意到。此前从未有人做过类似的事情。过去，如果一位自然哲学家同时也是一位数学家，比如阿维森纳或笛卡儿本人，则他会截然分开地持有这两种身份。研究碰撞时，惠更斯在历史上第一次造就了一种融合。在部分范围内，他把"雅典加"与"亚历山大加"结合在一起。如果考察自柏拉图以来的自然哲学史，我们就会看到，此前从未有人如此自由地处理过这两种自然认识。各种自然哲学经常混合在一起，同时保留着它们的"思辨性的－教条的"认识结构。一小部分自然哲学偶尔会被用来装点一种潜在的世界图景（比如在哈维和吉尔伯特那里），或者填补数学推理中的漏洞（比如在托勒密和哥白尼那里）。但是现在，一种完整的自然哲学第一次被用作为假说，其可用性不是事先就被接受下来，而是需要一次次地试验。对我们来说，这当然早就是自明的，但在1652—1656年之前，这种做法的可能性甚至还根本无法设想。

所有这些都使惠更斯形成了一种工作纲领。不仅是碰撞,在任何一个运动领域,笛卡儿的方法都无法与伽利略的相容。惠更斯认为自己的任务便是将两者的方法调和起来,而且不是以耶稣会士炮制大杂烩的那种肤浅方式,而要像笛卡儿那样从运动微粒出发,然后像伽利略那样进行数学处理。

通过逐渐运用运动微粒,从"按照笛卡儿的方式"(à la Descarte)到"按菜单点菜"(à la carte),惠更斯作出了一些伟大的成就。它们属于 17 世纪自然研究所产生的最佳成果,其中包括他关于摆的部分研究。在这方面,他也成功地确定了共同决定圆周轨道的比例。

这些工作中的大部分都是惠更斯在 17 世纪 50 年代独自完成的。除了几封没有得到回应的信以及钟表(这是由他的思想形成的具体产物),革命性转变并没有延伸到他在海牙的工作室之外。1665 年,惠更斯应路易十四之邀来领导巴黎皇家科学院的研究,罗奥等教条的笛卡儿主义者并不接受他。与此同时,惠更斯也被选为英国皇家学会会员。在某种意义上,他已经有了一笔从教条哲学中解放出来以及"威斯特伐利亚"和解精神的"预付款",而此时,这种精神尚未通过这两个机构的建立而在自然认识中表现出来。现在,这种精神可以振翅高飞了。

随着调和工作的进行,惠更斯在研究下落时碰到了问题。什么特殊的微粒机制能够解释伽利略《谈话》中的珍品,即落体的匀加速运动呢?自牛顿("成熟的"牛顿)以来,我们知道,如果不引入一种非常特殊的、定义非常明确的"力"的概念,调和是不可能成功的。但惠更斯最终没有让那种超越平衡状态的力的观念进入他的方案。因此,他为科学院的同事们就这一主题所作的演讲必定很失败。

228

他的同事罗贝瓦尔立刻尖锐地批评说：如果不假定一种力的作用的观念，这个问题就不可能得到解决。对于这种批评，一向彬彬有礼的惠更斯无以回应，只能再简单重复一下自己的观点。

罗贝瓦尔本人最多只有一种模糊的力的作用观念，它非常接近于隐秘的力，像惠更斯这样的真正的运动微粒思想家绝不会赞同。但在同一时间的剑桥，新任"艺学学士"艾萨克·牛顿开始将这两种方法结合在一起。他完全独立地研究了惠更斯大约 10 年前曾经研究过的那些问题。只不过牛顿使用了一种自创的力的概念，并试图使之服从数学度量和规则。对于碰撞、摆和圆周轨道来说，惠更斯和牛顿都在不知晓对方工作的情况下得出了相同的结果。甚至在牛顿所在的剑桥大学（60 年代时，亚里士多德在这里仍然如日中天），也几乎没有人知道，在一年半的时间里，牛顿已经从一个自学的新手一举站到了欧洲革命性自然研究的顶峰。此时，惠更斯已经确立了自己的声望，但恰恰在这个领域，他还没有发表任何东西。因此这位年轻的毕业生根本不可能注意到，他已经与第一名达到了同样水平甚至还有所超越。

229　　牛顿的地形勘测仅仅持续了很短时间，1668 年便放弃了。事实上，他陷入了困境，他很清楚自己借助于对"力"的数学处理来调和笛卡儿与伽利略方法的努力失败了。但与此同时，他走出了惠更斯从未走过的思想步骤。当牛顿独立发现了圆周轨道公式时，他用这个公式来检验他在母亲的果园里突然冒出的一个想法。当时，一颗苹果掉到地上，他正坐在那里看着前方。突然，他眼前一亮。使地球物体落到地上的东西会不会就是维持月球绕地球运转以及维持行星绕太阳运转的那种东西？然后牛顿又用开普勒第三定律检验了他关于一种随距离的平方而减小的作用的计算。

如果有人由所有这些立即想到了牛顿的万有引力定律，那么他既正确又错误。说他"正确"，是因为纯粹从数学角度看，牛顿这里已经提出了这一定律的两大支柱之一。说他"错误"，是因为定量检验并不能完全令人满意。这种关系似乎已经"非常接近"[①]于正确，但在完美主义者牛顿看来，仅有很好的近似值还不够。于是，他把之前作的所有笔记都塞到了抽屉里。但说他"错误"，主要是因为在这个阶段，牛顿还没有根本想到"引力"那样的概念。因此，他在很大程度上仍然是笛卡儿主义者，或至少是微粒思想家。只要他在其微粒思想中还没有为一种重要而强大的"力"（既包括吸引力又包括排斥力）的概念留出地盘，那么从碰撞力到吸引力的跳跃对他来说就还不算大。偏偏是他的炼金术研究启发他作出了这种跳跃。他作这种研究的思维风格源于第五种革命性转变。其结果是，由实验与少许运动微粒的混合产生了一些新的东西。

培根式的混合：波义耳、胡克和年轻的牛顿   230

运动微粒的自然哲学是欧洲大陆的产物，它是由贝克曼、伽桑狄特别是笛卡儿发展出来的。最先了解它的英国人是一批流亡者。1644 年，查理一世的许多支持者在一场关键战役中落败，此后不得不背井离乡。与 1660 年作为查理二世归来的皇太子一样，纽卡

---

①   Richard S. Westfall, *Never at Rest. A Biography of Isaac Newton* (Cambridge University Press, 1980), p. 143.

斯尔公爵威廉·卡文迪许也逃往巴黎。其随行人员中包括他的妻子玛格丽特·卡文迪许和私人教师托马斯·霍布斯。在40年代，贝克曼在1610年左右最先构想的运动微粒哲学在公众中逐渐流行起来。卡文迪许家族一点一滴地热切地吸取着这种哲学。霍布斯与公爵夫人提出了自己的微粒哲学版本，50年代初返回家乡后将其公之于众。

由于这两个人很少顾及我们不朽的灵魂，所以运动微粒的学说很快就有了无神论的名声。以伽桑狄神父的版本将其普及可能会使虔诚的心灵得到安抚，甚至会大受欢迎。此外，在英国还发展出了自然哲学的独特混合形式。笛卡儿的精细物质微粒与斯多亚派的普纽玛和柏拉图的世界灵魂一起混合成了一种极为精细的、无孔不入的东西。从根本上讲，这种东西是物质性的，但如果需要，它也可以作为各种精神现象（幽灵）甚至是魔法效应的载体。它通常被称为"以太"。许多脱离实际的哲学家都在兜售它的各种变种，但不止于此。六七十年代，以太学说与以实践为导向的探索型实验研究结合在一起，由此产生了我们这里所谓的"培根式的混合"。

这种结合出现在三位伟人的著作中，他们都在英国从事实验研究。这就是波义耳、胡克和年轻的牛顿。他们都感到迫切需要对这种研究中经常出现的任意性以及微粒思想中更大的任意性加以限制。要想实现这种必要的限制，需要将各个分支结合起来，让一种方法限制另一种方法。波义耳曾经两次分七点简明扼要地概括了他们工作中的这种相互制约：

实验对思辨哲学的用处：

1. 补充和纠正我们的感官

2. 建议一般和特殊的假说

3. 对解释进行说明

4. 化解疑问

5. 确证真理

6. 反驳谬误

7. 为有启发性的研究和实验及其熟练完成提供线索。

思辨哲学对实验的用处：

1. 设计全部或主要依赖于原理、概念和推理的哲学实验

2. 设计工具(无论是力学的还是其他的)来研究和试验

3. 改变或改进已知的实验

4. 帮助估计什么在物理上是可能的和可行的

5. 预测一些尚未尝试的实验的结果

6. 确定可疑的、看起来不明确的实验的界限和原因

7. 精确地确定实验的条件和关系,如重量、尺寸和持续时间等[①]

---

① Rose-Mary Sargent，*The Diffident Naturalist : Robert Boyle and the Philosophy of Experiment* (University of Chicago Press,1995), p. 164.

　　这种关联使得此前作为普遍教条的微粒思想变成了假说和其他辅助手段的来源。当时"雅典"风格的微粒哲学家经常争论这样一个问题:世界到底是一个飞舞着原子的空的空间(伽桑狄),还是完全充满着涡旋(笛卡儿)。波义耳本着典型的"威斯特伐利亚"精神认为,强调这两个微粒理论版本之间的共同点远比针对其差异进行喋喋不休的争吵更富有成效。他把这两个相互竞争的版本归结为它们的基本观念,即所谓"物质"和"运动"这两个"普遍本原"(catholick principles)。他检验其产出能力的领域是化学。

　　在这里,波义耳与范·赫尔蒙特直接衔接了起来。只不过被范·赫尔蒙特这位活力论者归于所谓"赋予生命的种子"的效应,波义耳则把它归因于物质的运动。波义耳认为,最小的微粒聚集成了更大的比较稳定的单元——"初级凝结物"(primary concretions,这里我们可以想起分子)。通过燃烧、蒸馏等诸如此类的过程,在许多化学反应中会产生各种不同的组合,但最后并不会产生全新的东西。比如可以通过一系列反应操纵银或汞,其间会形成各种不同的物质,而最后又可以完好无损地重新获得原初的银或汞。在这种情况下,存在物只是作了重新配置,初级凝结物本身并没有发生改变。但根据波义耳的说法,这种初级凝结物在反应中也往往会发生分解。这使构成它的最小的物质微粒能够作全新的结合,形成新的初级凝结物。因此,"通过极少量物质的添加或去除,以及一系列有序的转变,最终几乎可以由任何东西产生任何东西"。[1]

----

① Thomas S. Kuhn, "Robert Boyle and Structural Chemistry in the Seventeenth Century", *Isis* 43, 1952, 12—36; 22.

在波义耳看来，物质的可塑性最终没有任何限制。因此，他有
许多实验都是为了区分仅涉及重新配置的反应和可能发生更剧烈 233
变化的反应。读者们也许已经猜到了：波义耳与许多同时代人一
样，也热忱地投身于炼金术研究，尽管他的理论工具更加周详，基
础更加牢靠。然而，波义耳不仅仅在炼金术中看到了发生根本转
变的可能性。他当然很清楚，水不能直接变成油，更不能变成火。
但如果给某种植物不断浇水，然后蒸馏出植物的水分，则根据经
验，我们可以得到大量的油和碳——那么，油和碳必定得自于大量
的水，而不是得自于那一点点的植物组织。

在后人看来，与真正吸引波义耳的研究相比，他系统地研究更
为枯燥的重新配置所产生的结果要持久可靠得多。如果在处理某
种含汞物质时产生了一种红色粉末，在对另一种含汞物质作另一
种处理时又产生了看起来完全相同的粉末，则与许多前人不同，波
义耳认为应当进一步考察这两种粉末是否涉及同一种汞化合物。
波义耳并不是最先进行化学鉴别试验的人，但却第一次系统地作
了这种分析。在这个层面上，他的微粒假说与实验工作的结合的
确是卓有成效的。

胡克的工作初看起来也表现为古怪与富有成效的令人困惑的
混合物，不过是以一种略为不同的方式进行的。胡克并不是一个
严格的或前后一致的思想家和实践者；他更擅长灵光一现，而不是
坚持不懈地完善加工。他总觉得别人窃取了他的想法，而且对此
毫不保留，甚至连惠更斯和牛顿都受到了这种指控。胡克低估了
单纯的灵光一现与得到详细检查的理论之间的差异，低估了漫不
经心的实验与系统性的、极为精确的实验之间的差异。由于感到

234　自己的成果被窃取，胡克最后 20 年很痛苦，并曾与牛顿发生激烈
争吵。但他的风格对于一个"实验管理员"来说却很理想：他时常
能给每周三的皇家学会会议提供新的带有启发性的动力和刺激，
至少是在一定程度上协调他的各种兴趣，而不至于让学术争论为
他本人困扰的问题服务。

胡克限制微粒思想的策略是加深类比。那么，这种语境下的
"类比"是什么意思呢？所假设的微粒小得无法看见，用显微镜也
无法察觉其运动，我们应当如何在发明微粒机制时对任意性加以
限制呢？除了"基本观念的清晰明确"（这里尤其是"视觉的可想
象性"）、"一致性"、"物理直觉"等标准，还有第四种标准，即能够
建立与宏观世界的类比。在经验层面，它与非常不确定的"直觉"
甚至是唯一的标准。胡克确信，现在的关键类比是振动。微粒一
刻不停地振动。如果它们的振动彼此和谐，它们就很容易混合，甚
至结合成一个物体，如果不和谐，就会彼此离开：

> 这些微粒具有同样的大小、形状和物质的量，彼此抓住对
> 方或共舞，不同种类的微粒将会被抛出或挤出；同类的微粒，
> 就像许多张力相同的同样的弦一样，和谐一致地一起振动。①

就这样，和谐与不和谐成了微粒思想的核心现象。因此，对音
乐现象进行实验研究便等同于对物质世界的基本结构进行研究。
不仅如此，这个类比还要更加精确。根据胡克的说法，微粒的"大

---

① Robert Hooke, *Micrographia* (London 1665), p. 15.

小、形状和物质的量"分别对应着宏观世界中弦的厚度、张力和长度。梅森已经用实验证明,这三种属性共同决定着弦所产生的音高。因此,胡克特别偏爱关于声音特别是乐音的实验。他并没有局限于精确地验证梅森的结果,而是试图比如说借助铜制齿轮产生协和音程。此外,他还认真研究了玻璃盘振动时,其底部的沙子或面粉所产生的图形(18世纪末,物理学家恩斯特·克拉尼重新发现了它,因此它被命名为"克拉尼图形")。在设想并完成这种类型的各种实验方面,胡克堪称大师。

于是,胡克以这种方式使之不断振动的"以太"就成了从光到重力的许多自然现象的载体。胡克为每一种现象都提供了一种合适的振动机制——他的想象力并不逊于笛卡儿。然而,当他试图把他的解释运用于生命现象时便遇到了困难。凭借着关于显微镜的先驱性工作,他遇到了诸如发酵或植物中的汁液流动等现象。如何用微粒振动来解释这些现象?事实上,这些振动本身是如何产生的呢?

在尝试回答这类问题时,以太模糊不清的性质暴露了出来。这种以太是振动微粒的聚合体,但仿佛也充满了胡克所谓的"主动本原"。并非自然界中的所有活动都可以用无生命的运动微粒来解释,还必须有别的东西在起作用。至于这种别的东西是否能够最终归结为无生命微粒的一种机制,这是胡克后来提出的核心问题,但他对此提出的看法并不一致。有些时候,他认为自然现象是纯粹物质的,而另一些时候,他又不动声色地写下了完全相反的看法:物质和运动是两种基本本原,物质是"雌性的或母性的本原,它没有生命,是一种完全缺乏主动性的力量,直到仿佛被第二种

本原［即运动］受孕为止"。[①]他把这第二种本原直截了当地称为
"精气"（Spiritus），这也是对斯多亚派的"普纽玛"的拉丁文表述。
这种语言使我们经由笛卡儿严格的微粒理论，回到了解释中包含
着太多"精气"和魔法的范·赫尔蒙特和帕拉塞尔苏斯。这是因为，
一方面要使用一种丰富的以太，其中普纽玛和世界灵魂在与精细
物质争夺优先地位，而另一方面，对自然的解释不能使生命世界的
自发活动停止。因此，微粒思想已经张力极大，胡克的处理使我们
看到它很快就会达到最终的极限。只要再走一步，橡胶就会裂开。

与胡克同时代的一位更年轻的同胞可以说继承了这种含糊性。
由于他是一位更为严格也更为一致的思想家，他终于亲手撕裂了这
层橡胶。这位比胡克年轻 7 岁的同时代人就是艾萨克·牛顿。

我们前面把牛顿留在了 26 岁。1668 年，他注意到，在试图就
运动现象提出一种一致的理论时，他陷入了无法解决的矛盾，即不
仅要像惠更斯那样把"雅典加"和"亚历山大加"的方法和出发点
彼此调和起来，而且还要基于一种在数学上精确化的碰撞力的观
念。1668 年，他了结了此事，并且投入了关于神的三位一体（在这
方面他很快便开始提出异端思想）以及化学和炼金术的研究。后
两方面的研究使他渐渐超越了可以在微粒思想的框架内用"主动
本原"进行解释的界限。

从一开始，牛顿在其研究中就显示出了对一些现象的近乎反
常的偏爱，常见的运动微粒理论至少可以从这些现象开始。空气

---

① Robert Hooke, *Posthumous Works*, p. 172.

极大的膨胀能力便是一例,我们在空气泵实验中可以观察到,在其他许多条件下也可以发生。仅仅用微粒及其运动来解释显然不太奏效,该现象迫切需要一种排斥本原。通过系统地研究整个炼金术文献和他亲手做的数百个炼金术实验,牛顿坚信,即使是自然界中的"生长过程"(vegetative processes)也不能仅仅归因于微粒的运动。1669年,他写了一篇题为《论金属的生长》(On the Vegetation of Metals)的总结性论文(和往常一样只为私用)。它清楚地表明,牛顿和之前的胡克一样,早已超越了能够与正统微粒哲学相容的界限。"微粒的机械组合或分离"不足以解释自然中的活动。"我们必须求助于某种更遥远的原因"。①

　　起初,他试图在以太中寻找这种原因——这里的以太不再只是笛卡儿的精细物质,而是与普纽玛和世界灵魂密不可分地搅在一起。牛顿认为,可以用实验证明存在着一种以太,即在真空和空气中,摆停止振动所需的时间大致相同。因此,摆在真空中也遇到了一种强大的阻力;倘若不是以太,这应当归因于什么呢?

　　对于这种以太,牛顿没有接受胡克的普遍振动,而是设计了一种密度处处不同的以太版本。这是曾经设想出来的最为丰富的以太,其解释力不难想象。牛顿在奇迹年中关于光与色作出的所有实验发现(我将用它们来结束本章)都可以美妙地归因于以太的交替稀释和压缩。即使像重力或摩擦后的琥珀能够吸引纸屑这样的现象,也可以通过某种以太雨(aether shower)来解释。牛顿甚至

---

　　①　Richard S. Westfall, *Never at Rest. A Biography of Isaac Newton*(Cambridge University Press,1980), p. 307.

还把他的思辨扩展到了整个自然。"也许自然界的整个架构就是以太被一种发酵本原凝聚起来"[①]——于是，他也以胡克的风格说出了含糊之语。可是，这种发酵究竟是运动微粒背景下的一种主动本原，还是突破了这个范围？

1679年，弹性达到了极限。继续进行的以太思辨使牛顿确信，如果沿着这种道路走下去，含糊性是不可避免的。渐渐地，他开始猜测，在他的化学和炼金术实验中几乎触手可及的物质精细结构中，有力在起作用。自从研究了碰撞力，他已经知道可以提出力所遵循的数学规律，这用复杂的以太机制和含糊的"主动本原"根本无法设想。

我们并不知道，牛顿到底是如何以及何时从他在《论金属的生长》中认识到的微观的力跳跃到用于取代所有主动本原的力的作用。不过可以肯定，他这时再次考察了关于以太存在的实验"证明"。他认为，当振动减弱时，空气只能对摆的外表面起阻碍作用，而以太必定还能穿过摆的孔洞，在其内部产生阻力。牛顿用一个摆动的金属盒极为细致地做了一个精心设计的实验。在作了计算之后，他得出结论说，没有阻力对摆的内部产生作用。没有迹象表明以太存在。

凭借着各自的以太，胡克和牛顿都远远超出了笛卡儿或伽桑狄风格的"普通"微粒思想的边界。但与胡克不同，牛顿是在某种东西的最外层边界进行巧妙的操作，这种东西至少在"培根式的混合"，即探索型实验与以太思辨的混合这一框架内部还是可以接受的。是在这一边界"之上"还是已经超出了它？至少在地球的

---

① Isaac Newton, *Correspondence* I, p. 364.

内部和周围没有以太，改进的摆的实验表明了这一点。此外，似乎可以设想，一直被牛顿归因于以太的那些现象都可以归因于力，这种力的作用范围要比那种似乎在化学和炼金术反应中起作用的微观的力远得多。一旦想明白这些，对于胡克在1679年的一次短暂通信中提出的思想挑战，牛顿已经准备就绪。

239

主题是轨道运动。13年前，牛顿已经联系苹果下落和月球轨道对其进行了研究。他假定月球在某种意义上持续落向地球，但有某种东西阻碍了月球下落，并迫使它维持在环绕地球的轨道上。牛顿同时也朝另一个方向来设想这件事情，它与微粒思想的基本观念相一致：物体或天体一方面会在微粒的压力下被甩来甩去，另一方面，它在轨道任何一点上又倾向于沿直线飞离。现在，胡克使牛顿面临一种关于轨道运动的相反观点：物体或天体将保持匀速直线运动，但有一种引力不断使之偏离直线。胡克设想的是一种磁作用，他还猜测力与距离的平方成反比。在这种特殊情况下，物体的直线运动将会弯曲成椭圆，就像开普勒所描述的行星轨道那样。

胡克所受的数学训练太少，没有能力作出严格证明。而牛顿却有这个能力，他甚至已经为此做好了准备，因为他也有过同样的猜测，但当时的计算结果与观测数据似乎还不够吻合。牛顿为自己写出了证明，而没有与受鄙视的胡克继续纠缠。从数学上讲，这是一项杰作——没有人能够创造这一奇迹，从一种虽然持续不断、但却不连续起作用的碰撞力转向一种连续起作用的力。从概念上讲，多亏了胡克，他现在拥有了系统发展力的思想所需的革新。只不过他当时关注的是炼金术和神学，所以他把这份证明置于一旁，塞进了抽屉。在这个抽屉里，还有许多其他伟大的工作在等待完成。

240　　　　虽然牛顿 7 年前便已当选皇家学会会员，但他并不喜欢这个社团。面对不同意见，他更是会回避，而不愿去冒险反驳。于是，他避开了每周三的会议和伦敦咖啡馆（咖啡和烟草是当时的时尚药剂）的喧闹讨论。而胡克在皇家学会却感觉如鱼得水。如果他没有在家做实验，则一定是在咖啡馆讨论新鲜事和交流想法。行星轨道问题是经常被讨论的数十个主题之一，讨论者主要是胡克和几位精通数学的会员，其中包括天文学家埃德蒙·哈雷。胡克甚至宣称自己已经证明了自己的猜想，即把原本做匀速直线运动的天体维持在椭圆轨道上的是一种与距离的平方成反比的引力。只是他现在还不想暴露这一证明，除非弄清楚其他任何人都无法给出这一证明——这是胡克的典型做法，他会为此后悔的。哈雷想知道这种猜想是否是正确的。1684 年夏天，他决定利用去剑桥的机会求教于三一学院的牛顿教授。有传言说，没有任何问题是这位数学家不敢碰的，或许牛顿已经有了关于轨道运动的想法。

伟大的综合：牛顿完成革命

　　的确，这位接待哈雷的主人已经有了想法。事实上，他早在若干年前就已经证明了椭圆轨道猜想——这是他与胡克进行短暂通信的结果。哈雷是数学家，知道这样一个证明将把关于运动状态和力的作用的讨论提升到一个全新的水平。他"惊喜万分"[1]，请

---

① Richard S.Westfall, *Never at Rest. A Biography of Isaac Newton* (Cambridge University Press, 1980), p. 403.

求看看这一证明。牛顿推说无法立刻找到，并承诺日后会把证明寄给他。三个月后，哈雷免费收到了证明。但并不只是这一证明；该证明是一篇论文的一部分，在这篇 9 页的论文中，牛顿为一种关于力的作用的一般理论，或者说，为一种基于力的作用的运动理论提供了数学基础；此外，他还模糊地暗示了一种把行星维持在轨道上的引力。哈雷意识到所有这一切的重要性，于是立即启程重返剑桥。此行只有一个目标，就是劝说牛顿进一步详细阐述这篇 9 页的论文。牛顿这时不再犹豫。接下来是两年半全神贯注的工作；牛顿渐渐有了研究者的愉悦感觉，发现自己已经找到了正确的概念框架，可以从一个发现导向另一个发现。不仅越来越多的现象可以用所提出的定律来理解，而且都经得起继续的经验检验。这一次，关于神和金属嬗变以及其他相关内容的研究被塞入了抽屉。牛顿几乎不怎么睡觉，不让任何人或事来打搅，有空才吃点东西，有时甚至什么也不吃。在出席正式宴会的途中，牛顿可能会突然产生一个想法，他会立即回到书房，一直写到深夜。在三一学院的成员中（他们几乎连笛卡儿的工作都不了解，更不要说在思想上超过牛顿了）流传着关于这位另类的同事及其怪癖的无数轶事。

在写作《原理》的两年半时间里，牛顿在思想上迈出的巨大步伐值得依次进行描述。然而，我不得不跳过它们，只讨论这部著作的重要内容及其对自然研究方法所产生的后果。

其完整标题是"自然哲学的数学原理"，或者较为随意地译为"自然科学的数学原理"。事实上，这里所说的"自然哲学"已经与"雅典"意义上的自然哲学不再有什么共同之处。因此，我们应该立即用现代的"自然科学"概念来取代"自然认识"这个历史概念。

虽然《原理》的数学表述在当时是全新的，但现在已经过时。虽然牛顿在第二版中也把上帝本身（一个位格，而不是三个）牵涉了进去，但如果不考虑这些，今天的物理学家仍然可以阅读和理解这本书，就像对待一位受人尊重的老同事的著作那样。

其标题对笛卡儿《哲学原理》的影射绝非巧合。它所传达的信息很明确：自然科学的真正基础只能用数学来表述，而不是像笛卡儿那样只停留在口头上。因此，牛顿一开篇就提出了一般的运动定律，并用它们来取代笛卡儿的运动定律。

第一定律我们已经很熟悉了。伽利略以及后来的贝克曼和笛卡儿都曾设想，如果不受阻碍，运动将一直保持下去。这种在他们那里还很模糊的观念，被牛顿明确表述为匀速直线运动定律，并且获得了直到今天仍然有效的名称——"惯性原理"。

而第二定律却是全新的东西。它指出，物体的运动变化正比于作用力，而且沿着力的作用的直线方向发生——这意味着力不是产生速度，而是产生加速。这种加速不仅指速率的增加或减少，而且也指方向的改变。因此，匀加速直线运动与匀速圆周运动并非完全不同。恰恰相反，从力的作用的观点来看，两者之间并无区别。这种既悖谬又具有开创性的见解使牛顿可以对惯性状态的任何变化作数学处理，而不仅仅是匀速直线运动。现在可以对各种力的作用与轨道运动之间的关联进行研究了。

牛顿对一种特殊的力的作用特别关注：匀速直线运动的物体在一种与距离的平方成反比的力的作用下的偏转。起初，牛顿只是在一种抽象的力的前提下推导椭圆轨道，力在这里还没有具体的物理意义。而在设计"宇宙体系"的《原理》第三卷中，这种力已经有了明确的物理意义：每一个物质微粒都吸引其他任何一个物质微粒。从苹果核到行星或太阳，每个物体内部的每一个微粒都会对其他任何微粒施加一种引力，必须设想这种力集中于物体的中心或质心。起吸引作用的物体的质量越大，即构成它的物质微粒的数量越多，引力就越强。"重力"正是这种引力的一种表现：物体之所以会下落，是因为它被一个质量大得多的物体所吸引。在太阳系中，行星之所以会围绕太阳运转，是因为太阳吸引它们。引力随距离的平方而减小是固定不变的——因此太阳对水星的作用力要比对土星更强；由此立即可以导出开普勒第三定律。然而，吸引是相互的，苹果也吸引地球，尽管它很少被人注意，因为苹果与地球的质量差异实在是太大了。但有时差异并不那么大。比如所有行星都彼此吸引，对于木星和土星而言，这种相互吸引处于可测范围。对万有引力定律的这种推论的经验证实使牛顿更加确信他所说的物质之间的万有引力是正确的，这无论如何也比以前的以太作用前进了一大步。

事实上，行星的相互吸引会导致轨道扰动，这已经被业已发表的或当时最优秀的天文学家提供的观测数据所证实。潮汐也暗示了这种力的作用，事实表明，用太阳和月球对海洋的吸引可以很好地解释潮汐。特别是，牛顿对苹果下落与月球轨道运动之间关联的计算曾经与旧数据有所出入（正因为此，他20年前才没有继续发展这一思想），而现在，这些旧数据可以用与他的计算完全符合的更新的、更精确的数据所取代。

然而，其他力的版本是否能够得出同样的甚至是更好的结果，这仍然有待研究。从神学上来讲就是上帝在创造宇宙时是否有过选择。假如他有另一种力可以使用，比如与距离的三次方成反比，甚至是与距离的增加成正比，情况又当如何？因此，牛顿的《原理》对其他力的作用进行了深入研究——它们会产生何种轨道？稳定性如何？或者，笛卡儿的涡旋是否可能造就像我们这样一个稳定的宇宙？特别是，为了回答最后一个问题，必须首先研究一种提供阻碍的介质中的力的作用（即空气或流体中的运动）。由所有这些结果，牛顿能够得出结论，要想创造一个能够维持下去的宇宙，上帝已经别无选择，而只能用"平方反比律"。因此，除了所有其他那些卓越的属性，上帝还像是一位第一流的数学家，他在创世方面的行动非常细致——这正是智能设计的一个重要标志！

244

牛顿之所以会对各种可能的力的作用假说进行研究，还有另外一个原因。他确信，我们的世界充满了各种类型的力。不仅是他已经发现的万有引力，而且还有其他力在世界中起作用，比如在化学反应或电吸引中。这些力有待于在各种现象中分别去发现，作为准备，牛顿在《原理》中对一系列可能的力的抽象的一般性质作了数学研究。

是什么使牛顿能够写出这一开创性的著作？这个问题可以从多个层面来回答。在个人层面，这是由于胡克和哈雷的介入。胡克已经无意中帮助牛顿重新表述了关于苹果下落与月球轨道运动之间关联的猜想，使牛顿能够在此基础上继续前进。而哈雷的两次拜访不仅促使牛顿真正开始写作，他还实际出资使著作得以出版。如果没有哈雷的通信和拜访，牛顿也许根本不会去写《原理》，更不要说完成它了。但两人的介入都不是纯粹的巧合。在建制层面，皇家学会与他们有很大关系。1679 年，胡克曾以皇家学会秘

245

书的名义给牛顿写信,哈雷也为皇家学会做事。轨道运动问题和开普勒的定律是会员们经常在例会和咖啡馆讨论的话题。此外,如果没有期刊和通信,牛顿也不可能获得最新的重要信息,当时科学事业许多新的发展和进步都要归功于此。然而在思想概念和理论层面,正是由于牛顿此前参与过第四种和第五种革命性转变,他(而且只有他)才能作出这第六种革命性转变。

　　比牛顿大 13 岁的惠更斯是第四种转变的先驱者。为什么惠更斯没有发现第二运动定律或万有引力呢?在某种意义上,惠更斯其实独立于牛顿同样发现了第二运动定律,即力会引起加速,但并没有继续追踪下去,这是非常典型的。大约在 1675 年,即《原理》问世前 12 年,惠更斯在一份匆匆写就的笔记中引入了一种新的力的概念。他谈到了"incitation",意指引起加速的推动力。接下来他给了几个例子,然后笔记就中断了。他在这里没有继续思考下去,这并不难理解:在他的思想和环境中恰恰缺乏那种含糊不清的丰富的以太,它在英吉利海峡的对岸乃是培根式的混合的重要组成部分。在某种程度上,牛顿仿佛是凭借着实验和思辨,经由这种带着"主动本原"的以太而发现了力的作用。惠更斯则一直停留在意义明确、简单直观的运动微粒机制上。

　　在牛顿之前,比他大 7 岁的胡克已经对一种丰富的以太作了探索。胡克早在 1679 年就能在轨道运动方面给牛顿以重要的思想启发,甚至差一点就可以使"主动本原"有意义地置于微粒思想之中。那么,为什么胡克没有发现第二运动定律和万有引力(顺便说一句,在这方面,他的看法非常不同)呢?这里的回答与惠更斯的情况不同,胡克并没有参与第四种转变。换句话说,他缺少数学训练，特别是缺乏数学的严格性和思想的规范，没有这些，就无法为他的以太猜想提供可靠的基础和确定的形式。

总之，要想发现万有引力定律，仅有胡克或惠更斯是不够的，只有两者的混合"胡更斯"（Hookgens）才可能成功。这种要求只有牛顿才能满足。

然而，牛顿在《原理》中引入和分析那些力，尤其是物质之间的吸引力，是否又再次回到了隐秘的力的旧观念中，这是一个棘手的问题。而《原理》最重要的批判者惠更斯和他以前的学生莱布尼茨恰恰认为如此。在他们看来，只有当牛顿重新将其归因于物质微粒的作用时，这些情况下的力的作用观念才是可以接受的。这对胡克来说不太算一个问题，他在伦敦逢人便说（不论他们是否想听），牛顿的万有引力是从他那里窃取的，真是无耻。

对于这两种批评，牛顿都给予了典型的回答。他对惠更斯和莱布尼茨的回应是，他本人并不知道力到底是什么，但这并不意味着它就是通常意义上的那种隐秘的力。毕竟，与隐秘的力不同，他所引入的力的作用在运动定律以及可由此导出的所有定律中得到了精确的数学描述。不仅如此，无论是潮汐、彗星轨道还是木星与土星的相互影响，大量现象充分表明他所提出的定律是正确的。他还以一种恶语中伤的口气反驳说，胡克似乎不晓得宣称与证明之间的区别。

247　　事实上，牛顿在《原理》中已经极为严格地详细证明了作匀速直线运动的物体在外力作用下将会发生偏转，描出一个椭圆。胡克对此曾经有过猜测，牛顿起初给出了一个非常简短的证明，现在，他更为彻底和全面地重新作了证明。这一次，他从两种极富成效的、经过周密思考的新的力的概念出发，一种是抽象的，另一种是具体的，后者是前者的物理体现。而在获得这些结果的过程中，他没有跳过任何一个思想步骤。这给胡克和世界的教益是：提出想法是一回事，用数学和实验来确定它则是另一回事。

简而言之，牛顿的《原理》有意设定了一种新标准来对自然研究中的任意性加以限制。但这种"新标准"并不是严格意义上的。从本质上讲，我们这里看到的正是数学推导与实验验证的那种平衡术；在伽利略之后的第二代人当中，有少数几位落入"亚历山大加"轨道的研究者继续发展了这种平衡术。牛顿本人当然也是其中之一。只不过在《原理》中，通过反复检验各种力的作用所遵循的抽象数学定律是否以及如何能够运用于我们的太阳系，他使这种平衡变得更加稳定。牛顿非常重视这种稳定性，即在最大程度上排除任意性，这有两个原因。

一个原因是，他最重要的直接先驱——惠更斯、波义耳和胡克又撤回了"可能性"的堡垒。这三个人都比较谨慎地（在这里，一向比较犹豫的波义耳也比惠更斯更加谨慎）表达了一种信念，即在自然认识中，确定性是无法达到的。他们甚至以这种方式来区别于那些"雅典"风格的自然哲学家，后者一直都在为永恒的、不容置疑"确定性"而相互攻讦，现在仍然在这样做。然而，在半代人之后的牛顿看来，从确定性退回到可能性，这个步子太大了。他认为，这种让步既无必要，也不可取。

牛顿之所以会这样认为，主要是因为——这是第二个原因——数学推导的确定性与追求一致的世界图景这种幻想性的东西之间的张力支配着他。牛顿不仅是精确的数学家和严格的实验

248

家，一向只断言那些按照自己的完美主义标准能够实际证实的东西，而且也迷恋思辨，迷恋对"自然结构"进行充满想象的描绘，无论这种描绘是基于现在的以太微粒和发酵本原，还是基于后来的力的相互作用。牛顿从来也没能化解这种内在张力。但它也强烈驱策着牛顿写出了这部极富创造性的著作，使其思想得以成形。在牛顿发表的著作中，差不多只有两部著作能够（相对）满意地达到他自己的严格标准。然而，在其漫长的一生中，对于是否以及在多大程度上公开自己的那些思辨，牛顿一直犹豫不决。在寻求部分化解这种内心冲突方面，他也是一位大师。直到我们这个时代，当科学史家对牛顿留下的笔记进行深入研究之后，他陆续提出的各种世界图景以及他的一些炼金术研究才被学术界全面了解。

　　刚才我们谈到了"两部著作"。《原理》是1687年出版的，《光学》则是17年后出版的。但从许多方面来讲，第二本书都应该是第一本，因为早在1672年左右，除其中的几个部分之外，牛顿就可以将其出版。除了以疑问形式写成的结尾（对其整个世界图景有所透露），那么可以说牛顿在这本书中也在尽力作非常严格的论证。只不过不太成功，或者说，它在实验上要比在数学上更为成功。毕竟，由于持续作测量，他在光的领域特别是颜色领域所作的实验达到了很高的精度，他甚至希望以此来确立新的标准。

　　就像《原理》的情形那样，惠更斯和胡克也是其主要竞争对手。和以前一样，这种半有意、半无意的竞争再次引发了争论。我们这里不讨论70年代发展的特点，而是仅限于一个关键问题：与早先竞争者的工作相比，作为对自然研究中的任意性加以限制的论著，是什么使得《光学》如此与众不同？

《光学》讨论的是光和颜色。此时距离这两个主题密切联系在一起还不算太久。在从"雅典"转变为"雅典加"之前,对光的解释主要与视觉有关,特别是伊本·海塞姆(阿尔哈增)在两者之间建立起了密切联系。而颜色则被视为物体的一种属性,而不是光的属性。但也有一些颜色并没有与物体的明显关联,比如彩虹。在这种情况下,通常的看法认为,白色的太阳光在介质(空气、水)的影响下发生了转变,产生了各种不同的颜色。笛卡儿曾经用物质微粒在不停相互推挤时所施加的压力在空间中的传播来解释光。在他看来,颜色与微粒的旋转有关:我们把旋转最快的微粒知觉为红色,把旋转最慢的微粒知觉为蓝色,其他则介于两者之间。于是,颜色就成了光的一种属性。但颜色仍然是一种变化的结果,当原初的白光发生转变时,颜色就产生了。

在以"亚历山大"的方式进行思考时,笛卡儿发现了折射定律,它表明了光束在两种介质(如空气和水,或空气和玻璃)的界面是如何发生偏折的。在为望远镜寻找最佳的透镜组合时,惠更斯认为这一定律是理想的辅助工具。然而在 60 年代,当他专心研究这些问题时,人们发现折射定律有两个例外。一个例外是,一种被称为方解石或冰洲石的晶体能使光线发生双重折射,也就是使光线发生分裂,其中一重折射与折射定律所表述的规则有严重偏离。起初,没有人能够正确地解释这种现象,但这却使惠更斯作出了他最美妙的发现之一。1679 年,惠更斯举行了一系列学院讲演,11年后,这些讲演以《光论》(*Traité de la lumière*)之名出版。在其中,他把光解释成物质微粒所传递的一系列脉冲的结果。这种传递按照他所提出的碰撞规则沿直线进行,就像对光束的预期那样。当

250

脉冲传递时,在与光的传播垂直的方向会产生一个波前。惠更斯的伟大发现,即所谓的"惠更斯原理"说,波前上的每一点都可以作为一个新的次波波源,新的波前为所有这些次波的包络面。

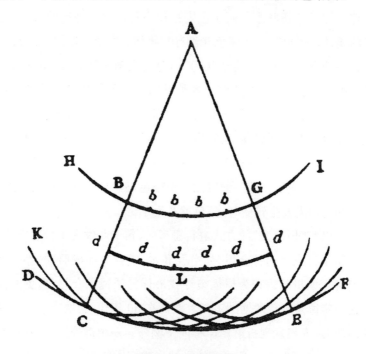

图 6.1　惠更斯原理

ACE 是一束光。从 A 点发出的波前上的诸多 b 点和 d 点分别构成了一个新的次波波源。新的波前 DF 由所有这些次波波前共同构成。

251　　有了这个假设,惠更斯不仅能用数学来描述通常的光的反射和折射现象,而且也能描述冰洲石奇特的双折射。他对光的解释,连同他对碰撞以及其他形式运动的研究,都属于第四种革命性转变的一部分,在这种转变中,笛卡儿以自然哲学方式提出的问题以伽利略的风格得到了解决。

折射定律碰到的第二个例外并不是一个特例,而是涉及一个更加根本的问题。牛顿在 1666 年左右的奇迹年中所作出的一个伟大发现与颜色有关。如果让一束白光透过一个玻璃棱镜,则一定距离之外的屏幕上会显出由不同颜色组成的长条光带或光谱,一端为蓝色,另一端为红色。白光被棱镜分解成了各种单色,因为不同颜色的光发生了不同程度的折射。换句话说,白光并不是原初的光,不,颜色才是原初的,白光是由各种颜色的光组合而成的。

这一发现有违此前被所有人视为理所当然的结论。当牛顿 1672 年在皇家学会的杂志上发表他的新发现时,惠更斯和胡克起初居然没有注意到这一关键点。他们认为不应把现象与光的微粒性联系在一起。事实上,牛顿终其一生都确信,光并无脉冲性或波动性,而是由快速发射的微粒构成的。他与两个对手为此进行的旷日持久的论战,促使他决心从现在起就严格区分思辨性的解释与确凿的事实和证据。那么,他能给出哪些确凿的事实和证据呢?

证据有很多。难道不能把光谱的拉长——就像颜色本身那样——归因于一种由棱镜人为引起的白光转变吗?在其著名的"判决性实验"(*Experimentum Crucis*)中,牛顿表明,如果让经过第一次棱镜分色的彩色光打到带有一条窄缝的屏幕上,则这条窄缝每次只能让一种颜色的光通过;再让这一单色光通过第二块棱镜,这时便没有进一步的变化发生。在另一个很有说服力的实验中,牛顿又把整个光谱重新集中于一点——于是迅速产生了白光。

252

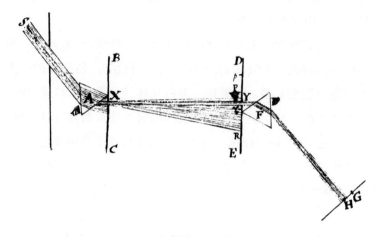

图 6.2   牛顿的"判决性实验"

太阳光 S 透过牛顿漆黑书房的百叶窗的一个孔洞落到棱镜 A 上。屏幕
BC 上出现了一个光谱。通过屏幕上的缝 X 得到了单色光；转动棱镜 A，牛顿
可以改变颜色。这一单色光通过第二个屏幕上的缝 Y 照到另一个棱镜 F 上。
在屏幕 GH 上可以看到，任何颜色的同质的光都不再进一步分裂。结论：白光
本身是"以不同方式进行折射的光线的一种异质混合"。[①]

这些富有创造性的证明迟早会使大多数读者信服。但牛顿的

253   发现的决定性优势在于能够作非常精确的测量。而且，他不仅用
棱镜，还用其他方式把颜色分开。胡克曾经用自己的显微镜发现，
在薄云母片中形成了五颜六色的环。这些云母片并不合适直接测

---

① Isaac Newton, "New Theory about Light and Colors", *Philosophical Trans-cations*, 19 February 1672, 3079.

量,于是胡克便仓促地提出一种解释性的假说了事,因为他从观察中无法得出其他什么结论。读了《显微图谱》(*Micrographia*)中的这段话之后,巴黎和剑桥的两位在数学上训练有素的学者立刻认识到,由此绝对还能得出更多的东西。在这两位学者当中,一位是公认的自然研究大师,另一位则刚刚完成学业。两人立即意识到,通过什么样的数学工具能够作间接但更为精确的测量。两人在测量过程中都发现了上述现象的周期性:它总是以相同的距离不断重复。两人也都发现了同样的伴随现象和同样的显著偏差。面对着这些偏差,第一位很快便心灰意冷,而第二位却继续追踪了下去:

　　　牛顿的方法技巧从一开始就超过了惠更斯的。在 1670 年更加复杂的实验中,他使其突如其来的竞争对手相形见绌。他对其测量的要求很能说明这个人。虽然是用罗盘和裸眼进行测量,但他却期待着不到百分之一英寸的精度。他似乎未经丝毫迟疑便记下了一个直径为 $23\frac{1}{2}$ 的圆和接下来直径为 $34\frac{1}{3}$ 的圆。如果结果中出现了一点偏差,他不会忽视,而是会坚持不懈地追踪它,直到最后发现,其透镜的两个表面的曲率略有差异。这种差异对应着内环直径的不到百分之一英寸,以及第六个环直径的大约百分之二英寸。"它们多次给我以负担,"他在成功消除了偏差之后严肃地指出。在 17 世纪,即使碰到两倍大的偏差,别人也不会有片刻停留。[①]

　　① 　Richard S.Westfall, *Never at Rest:A Biography of Isaac Newton* (Cambridge University Press,1980), p. 217.

254　　　与惠更斯相比，牛顿的这些研究当然更有可能失败。在惠更斯关于光的研究中，颜色并没有扮演重要角色——在这里，惠更斯同样只是重新考虑了另一个人的发现，并且对它作了改进。不过，上述内容说明了牛顿对真正的科学方法提出了与惠更斯不同的要求——认为最多只能达到"可能性"，这种观念无法激励对精确性的不懈追求。

　　牛顿相信，精确性是无法放弃的，因为人们总希望能找到真正恰当的解释。利用胡克轻而易举信手拈来的那种假说他什么也做不了。在致皇家学会第一任秘书亨利·奥尔登堡的一封信中，牛顿提交了关于色散的发现报告以供发表，这位当时在剑桥之外还名不见经传的数学教授在其中简明扼要地表达了自己的信条：

　　　　对我来说，我所提出的理论具有决定性的意义，不是因为我推断由于那不正确所以这必定正确，也就是说，不是因为我只是通过反驳与之相反的假设而导出了它，而是因为我从直接和最终决定这个问题的实验中导出了它。①

　　在关于这一主题的第一封信中，牛顿已经说色散是"迄今为止关于自然现象所作出的最为奇特的发现，即使不是最著名的"。② 无论这听起来有多么自夸，事实上他（在《原理》问世 15 年前）这样说并不为过。无论何时何地，人们从来都把太阳的白光

---

① Isaac Newton to Henry Oldenburg, 6 July 1672: *Correspondence* I, p. 209.

② Isaac Newton to Henry Oldenburg, 11 June 1672: *Correspondence* I, p. 82.

理所当然地理解成原初的光,根本没有为此浪费过任何思想。作出相反的假设,注意并坚持它,这违背了所有直觉。

同样,宣称地球并非静止于宇宙的中心,而是一颗围绕太阳运转的行星,这也违背了所有直觉。从半心半意地作出这种断言到实际证明其正确性,时间超过了半个世纪,而消除哥白尼的前后不一致则需要不止半个世纪的时间。现在,在太阳光和颜色的问题中,提出假说之后立即就有了证明,可以说一蹴而就。17世纪末,随着新的认识逐渐被接受,我们越来越清楚地看到,自然的奥秘几乎无法通过显而易见的手段、常识和单纯的感官来揭示,也不能由第一原理思辨性地导出,而一些纯粹定性的描述只能非常有限地理解自然。要想彻底理解自然,就必须深入下去,学习数学的语言,(尽可能通过精确的测量)把实验当作知识的源泉和检验标准。那么,如果撇开数学和实验,牛顿的工作中还剩下些什么呢?只剩下一位敏锐幻想家的富于想象的爆发,而不是一位研究者的确凿结论,这位研究者把近一个世纪以来自然认识的革命性创新所取得的各种成果综合了起来。

就这样,在开普勒、伽利略、笛卡儿、培根等人作出革新之后不到一百年,牛顿也在他的两部著作中为新科学制定了指导方针。随着这两部著作的问世,科学革命结束了。至少从历史上看是如此——《原理》和《光学》为一个有明确定义的时期画上了句号。

255

第七章 结语：回顾与展望

我们是把 17 世纪自然认识发生的事情称为一场革命，抑或不去使用那个有负载的术语，这重要吗？在某种意义上，当然不重要。"革命"只是一个词而已，在部分程度上我们可以自己来确定它不断变化的含义。然而，我们在本书中遇到了几个标准，可以帮助判定谈论"17 世纪科学革命"是否有良好的历史意义。

一场真正的革命？

无论是否有革命，1600 年与 1700 年在自然认识方面的反差都是巨大的。这种巨大的反差一方面反映在对任意性进行有效的限制——我们已经详细阐述了，一种全新的自然观的先驱者们在 17 世纪试图用种种手段来确证其结论的有效性，而不是像过去那样诉诸陈旧的确定教条或者相反地陷入全面的怀疑论。在"实在论的-数学的"科学中，数学与实验的互动使一系列结论不断涌现出来，这些结论无论正确与否，总归是可以检验的；在"探索的-实验的"科学中，面对着自然变化无常的不可预测性，人们试图运用各种手段来获得明确可靠的结果；到了 17 世纪末，牛顿还为见解的可靠性提出了更为严格的标准。总之，17 世纪的自然认识仿佛充当着一个实验室，本着一种方法上的不信任精神，查明如何检验具体的真理主张（无论是自己提出的还是他人提出的）。这里若依波普尔的说法，将"可证伪性"归于 17 世纪的自然认识事业，也许走得有点太远了，但随着 17 世纪的发展，一种隐隐的人类易错感和决心使之生效（这是新的事物）显然占据了上风。 257

即使在实质内容上，1600 年与 1700 年的反差也是巨大的。我们的地球在绕轴自转和绕太阳公转。我们的血液在体内做封闭的循环。我们呼吸的空气是有重量的。真空不仅存在，而且可以人工制造。受地球吸引的苹果以匀加速运动落到地面上。白光是由彩虹各种颜色的光构成的。同一条河流的不等截面在相等时间内流过等量的水。精液中含有数百万个微小的动物。当摆的轨迹是摆线时，摆的振动周期不依赖于振幅。小号的自然全音与弦的波节有关。炮弹的轨迹是抛物线。消化系统中和了酸的腐蚀效应。行星轨道遵循面积定律（即开普勒第二定律）。电排斥是存在的。我们还可以为这张清单补充上百个例子。

虽然我们在本书中很少关注"纯粹"数学的发展，但我们已经可以看到，那里也存在着巨大的反差。在 17 世纪之初，本质上希腊的几何学和一些算术为那些以亚历山大风格追求自然认识的人提供了仅有的定量工具。然而没过一个世纪，牛顿的微积分就使他能够处理许多自然现象，以至于在《原理》中，他对无穷小几何和代数很是精通。

在社会和制度方面，反差也同样巨大。在 17 世纪初，自然认识仍然是一种边缘的社会现象。尤其是，自然哲学以各种方式与神学教义联系在一起。一个世纪以后，自然科学获得了空前的自

258　治程度。有两个大规模运作的社团成为主要的研究中心，为数众多的参与者在口头和书面上做着富有成效的详细交流。

将 17 世纪的开始与结束分开的这种巨大的、至少四重的鸿沟远非用来判定"是否是革命性的"唯一标准。根据定义，革命会挑战既定秩序。不管怎样，革命把"旧制度"（ancien régime）变成了一种彻底的混乱状态，即使革命进程最终导向了某种形式的恢复。对于 17 世纪的自然认识状态来说，这在多大程度上是真的呢？

可以肯定的是，在科学革命结束时，17 世纪之前自然认识的"旧制度"几乎没有留下来。这并不是说，它没有激烈反抗所有那些新奇的知识主张便投降了——激励这种反抗的不仅有数个世纪以来的思维模式、神学政治信念和既得利益，还有对创新者实际上想要实现的目标完全缺乏理解。无论是有才干的天文学家彼得·克吕格徒劳地苦苦思索着开普勒那奇异的"天界物理学"，还是伽利略的比萨同事们及其彻底的亚里士多德主义，抑或是霍布斯坚信波义耳的空气泵中没有产生真空（因为他自己的自然哲学先验地排除了这种可能性），在所有这些例子以及无数类似的实例中，我们都可以谈及几乎完全不可公度的心灵世界。在这些情况下，谈及"范式转变"，即托马斯·库恩所说的科学革命的标志，是有意义的。在"亚历山大"与"亚历山大加"之间，在认为适合或不适合用数学来把握自然界的基本属性之间，存在着一条巨大的知觉鸿沟，和所有真正的范式转变一样，这条鸿沟只能由托里拆利或惠更斯那样有天赋的年轻人来弥合。对于发生在大约 1600 年

259　和 1645 年之间的另外两种革命性转变而言，情况也是类似（即使没有这么明显）。但最重要的是，正如我们所看到的，到了 17 世纪

末，"旧的"自然认识方式已经过时。即使是在每一个繁荣时期让数学自然认识方式的实践者们殚精竭虑的五个主题（行星轨迹、光线、协和音程、固体和液体的平衡状态），现在也已经完全纳入了新的"实在论的－数学的"科学。对于探索型实验及其前身即准确观察而言，情况也是类似，到了1700年左右，自然哲学作为一种思辨性的、教条的获得知识的方式已经处于次要地位，自那以后一直如此。

另一个标准在于出现了两种全新的混合。在1600年之前，我们遇到了以下混合形式：（1）教条的自然哲学伪系统，将来自雅典各个学派的学说混合在一起；（2）偶然使用借自自然哲学的某种合适学说来填补数学推理中的漏洞（托勒密、哥白尼）；（3）亚里士多德学说沿着魔法（费内尔）或数学（克拉维乌斯）方向的拓展。在17世纪，它们都被更为耐久和富有成效的混合形式所取代。在霍罗克斯和开普勒三定律的情况下我们看到，一位思想家如何可以使另一位思想家工作中潜在的有益要素脱离其原始语境，揭示出它在不同背景中的真正优点。更重要的是，思辨性的－教条的运动微粒哲学变成了一个宽泛的假说，若与"实在论的－数学的"科学结合起来（惠更斯、年轻的牛顿），或与探索型实验结合起来（波义耳、胡克、年轻的牛顿），就可变得富有成效。

还有一个标准在于开拓者们从前人那里继承下来的问题以及留给其继任者的问题。我们就开普勒和伽利略非常详细地讨论过这一点。开普勒从第谷那里继承了什么样的偏心圆匀速轨道可以最好地"拯救"观测到的火星现象这个传统问题。他又给其继任者们留下了所有行星实际的椭圆路径之间的相互关联问题，决

260

定它们围绕太阳的速度的面积定律问题，轨道周期与到太阳的平均距离之间的固定比例问题（构成了开普勒第三定律），以及什么特定的力在维持着所有这些行星的问题。伽利略继承了自由落体初始加速的原因这个古老的问题，留下了为什么自由落体会匀加速这个更为具体、现在实际上可以回答的问题。在自然哲学和探索型实验中也发生了大致相同的事情。在贝克曼和笛卡儿之前，自然哲学中唯一的发展就是亚里士多德学说沿着魔法（费内尔）或数学（克拉维乌斯）方向的拓展，而思辨性的-教条的思维方式本身却没有受到质疑（尽管有通常那种持怀疑态度的批评）。在笛卡儿之后，自然哲学中的主要问题变成了可以构想出哪些看似合理的涡旋机制，而对于少数人（惠更斯、波义耳、胡克、年轻的牛顿）来说，紧迫的问题是，是否所有这些思辨都不过是徒劳的无羁幻想的产物罢了。培根面临的问题是，是否正在有条不紊地进行极为准确的观察和描述，以获得对自然秩序的融贯洞察；培根之后的问题是，如何能从整套系列实验中提取有效的知识（别忘了大自然在培根式实验中玩弄的那些明显的狡猾伎俩）。吉尔伯特、哈维和范·赫尔蒙特都擅长准确描述，他们从前人那里继承了一些具体问题，分别涉及磁吸引、人体中的血液以及矿物药剂的组成。他们
261　留下的问题是，哪些具体工具（技巧、仪器、对给定物体自然状态的干预）最适合实验研究。在科学革命的第二代和第三代人那里，开拓者们继承下来的问题与留给后人的问题之间的这种巨大差异，扩展为"问题→解决方案→新问题→新解决方案"这种近乎无止境的动力学，惠更斯的摆钟的例子非常清晰地说明了这一点，它是自那以后不断进步的科学研究的典型特征。

　　因此，人们可能认为，这些标准足以毫不含糊地确立 17 世纪自然认识发生的事情的典型革命性。然而……，常常有人反对"科学革命"这个合理的历史概念，主张历史是一个连续的过程，从来没有与过去的彻底断裂，甚至在 17 世纪也没有。还有人指出，整整一个世纪对于革命来说是非常长的时间。即使把拿破仑时期纳入"法国大革命"，从 1789 年的攻陷巴士底狱到 1815 年的滑铁卢战役也不过四分之一个世纪。在本书中，为了回应这两个反对意见，我不再依照习惯将科学革命当成单一的同质事件来处理，而是将它分解为六次密切相关的革命性转变。这六次转变中最长的一次（由于伽利略的《谈话》问世较晚）持续了 45 年，所有其他转变至少要短 15 年。更重要的是，每一次转变都会显示出非常具体的特征和它自身的——有时有些变化的——连续性和断裂性。此外，我还为每一次转变确定了一系列具体原因，从而明确地将它与其他转变分离开来。

　　同时，作为一种极为激烈且影响深远的转变，"革命性"的主要标准在于其他地方，即我试图通过想象中的 1600 年趋势观察员所要指出的那种现象。他对长期存在的趋势的外推以及他基于那些趋势所作的预测与事情的实际发展方式之间的明显反差乃是一场真正革命的两个标志的特征：对一种长期存在的模式的破坏以及那种破坏的完全不可预测性。根据旧有的模式，自然认识将在几个世纪里蓬勃发展并且在一个黄金时代达到顶峰，但随后，它的高水平通常会急剧下降，尽管这种下降可能会间或穿插着某些局部的高点。那些从中世纪或欧洲文艺复兴时期开始叙述科学革命的人，甚至是那些从古代开始叙述但却没有采用一贯的比较方法的人，必定会错过那种模式。然而，一旦我们认识到它，我们就会看到，激进的破坏和它完全不可预测地被某非常不同的东西所取代（在我们这里，先是被三次几乎同时发生的革命性转变所取代，随后是被我们今天已经习惯的科学研究的持续扩展所取代），这使得坚持"科学革命"概念非常合理。但这并不意味着要保持它不变。正在进行的历史研究已经充分表明，早期的概念存在着一些重要缺陷；但某个特定概念的缺陷并不一定需要废除这个概念本身。因此，本书试图对"科学革命"作一种激进的概念化努力，使它不仅能为我的专业同行所知，还能为公众所知。

那么在我看来，所有这一切是否意味着，1700 年之后的科学研究没有取得任何全新的成就呢？或者说，17 世纪中叶的合法性危机消退之后建立起来的新模式，自那以后再也没有发生过任何有意义的改变吗？

绝非如此！我和一些经济史家、技术史家都非常重视，科学革命与工业革命之间存在着一段 18 世纪的"孵化"期。我和其他一些人还进一步发现，19 世纪科学中发生的事情应当被置于"第二次科学革命"这个目前还相当含混的概念的公分母下面。然而，在最后的"展望"部分指出这两点的大体内容之前，我想在"回顾"中简要概括一下我在本书中采取了哪些步骤来回答现代科学最初是如何以及为何兴起的。

对现代科学产生的解释：简要概括

本书的核心问题实际上可以分为两部分：现代科学是如何产

生的？以及，它产生之后为何能够幸存下来？前者是一个公认的谜题，自从它产生以来，人们已经提出了许多解决方案，这里我也给出了自己的回答。然而实际上，现代科学的持续与现代科学的产生同样奇特。新的自然认识的持续存在违反了所有历史经验。一般而言，某种自然认识方式在经历上升期之后会繁荣一两个世纪左右，但由于高水平无法维持，它每一次都会以急剧衰落而告终。我们今天所习惯的自然科学的不间断发展在世界历史上是一大例外，因此它本身是需要解释的。

现在，为了清晰起见，并且不考虑细微之处，我们对第一个问题的回答以一系列直截了当的断言形式总结如下：

——在中国和希腊这两种文明中，自然认识不仅意味着获得个别领域的专门知识，而且意味着解释整个自然界。

——在中国，自然认识采取了一种"经验的–实践的"形式，其背景是一种总体的世界图景。在希腊世界以两种不同形式发展出了一种理智主义的自然认识：以雅典为中心的四种自然哲学和以亚历山大为中心的"抽象的–数学的"自然认识。

——中国和希腊这两种进路是把自然界分成各个方面来理解的、原则上等价的方法。但事后看来，作为发展的可能性，现代科学可能只存在于希腊的而非中国的自然认识之中。

264

—— 所隐藏的潜力能否展现出来，首先依赖于自然认识方式
能否得到移植。在历史上，文化遗产从一种文明移植到
另一种文明是创新的最重要的源泉之一。在此过程中，
现有的形式和内容可以得到扩充，甚至可能通过转变而
产生新的形式。由于政治和军事的原因，中国的自然认
识从未经历过这样一种文化移植，而希腊的自然认识却
至少经历了三次。

—— 这三次文化移植均因军事征服而起。第一次是移植到伊
斯兰文明中，它紧随着使阿拔斯王朝掌权的阿拉伯内战
（8 世纪）而来。新首都巴格达成为从希腊文译成阿拉伯
文的翻译中心。第二次是移植到中世纪的欧洲，它源于
收复失地运动，托莱多发展成为从阿拉伯文译成拉丁文
的翻译中心（12 世纪）。第三次是移植到文艺复兴时期
的欧洲，起因是 1453 年君士坦丁堡的陷落。希腊原始文
本传到了西方，在意大利以及后来在欧洲的其他地方被
译成拉丁文。

—— 在这三种文明中，希腊自然认识都在一种对知识的热情
渴求的气氛中被接纳，翻译与内容上的扩充携手并进。
但总体思想框架仍然保持不变。无论在人员上还是内容
上，"雅典"与"亚历山大"都一直是分离的。就此而言，
中世纪的欧洲是特例，因为"亚历山大"在那里消失了，
而"雅典"则仅限于四种自然哲学学派中的一种，即亚里

士多德学派。

—— 除了希腊的自然认识，在三种移植文明中还产生了带有
各自文明特征的不同程度的自然认识。在伊斯兰文明中，
它受到了宗教的直接影响，而在欧洲，它受到的是宗教的
间接影响。在欧洲，基督教文明日益外向的特征反映在
注重精确观察和实际应用的非希腊研究形式上面。在中
世纪，这种研究只是偶然为之，而且是小规模的。而到了
文艺复兴时期，除了重新复兴的"雅典"（现在再次有了
所有四种自然哲学）和"亚历山大"，它还发展成为第三
种自然认识方式。

—— 无论在希腊人那里、伊斯兰文明中还是在中世纪的欧洲，
自然认识的发展模式大体上都是类似的。其蓬勃发展总
是在一个黄金时代达到顶峰，然后突然急剧衰落，但这并
不排除后来偶然会有个别人作出重大成就。

265

—— 伊斯兰文明的黄金时代结束于 1050 年左右，此后，个别
人在水平有所恢复的背景下作出了一些重大成就。这种
恢复是地域性的，它仅限于蒙古人统治下的波斯、柏柏尔
人统治下的安达卢西亚以及奥斯曼帝国。在这三个帝国
中都出现了自然认识新的繁荣时期，但其自然认识仍然
以几个世纪以前的黄金时代为导向。而中世纪欧洲自然
认识的衰落却如此彻底，以至于在黄金时代之后，甚至连

偶然的突出成就都没有。

—— 从 1600 年左右回望过去，我们注意到了两种显著的相似性。

　　首先，自然认识在中世纪欧洲和伊斯兰文明中都在衰落之后有所恢复。在这两种情况下，人们始终是在围着一个巨大的封闭圆圈转来转去。而且事后看来，富有成果的发现一直都没有超出既定的思维框架。

　　其次，自然认识在文艺复兴时期的欧洲与最初繁荣时期的伊斯兰文明中的情况也很相似。在这两种情况下都广泛出现了水平类似的内容上的扩充。但在 1050 年左右，伊斯兰的黄金时代由于一系列毁灭性的入侵而被强行终止。伊斯兰文明发生了内转，完全以精神价值为导向，外来的自然认识几乎不再有任何生存空间。而欧洲却一直没有遭到入侵。欧洲的黄金时代在 1600 年左右达到了一个高峰，三种革命性转变的萌芽开始出现。假使对支脉纵横的伊斯兰世界的野蛮入侵没有发生，或者推迟到下一代再发生，则在自然认识方面，可以设想伊斯兰世界也能够达到类似的高峰。

—— 在欧洲，大约从 1600 年到 1640 年，主要是借助于验证性的实验，"抽象的－数学的"自然认识第一次与实在密切关联了起来；在自然哲学中，通过把古代原子论的物质微粒与运动机制联系起来产生了新的解释模式；最后，在以实际应用为导向的自然研究中，出现了一种从自然条件下的观察到"探索的－实验的"系统研究的转变。

—— 在这三种转变中，第一种最具有革命性：无论在内容上还是在认识结构上，"亚历山大加"都与"亚历山大"有很大差异。而"雅典加"则仍然保持着传统的认识结构没有变。最后，第三种转变与过去的决裂程度相对较小，只不过现在对探索型实验的运用要更加频繁、密集和有针对性。

—— 就内容而言，在这三种近乎同时发生的转变中，尤其是第一种——开普勒特别是伽利略的——转变也可能或多或少类似地出现在伊斯兰文明中。那样一来，它将构成那里已经开始的黄金时代的顶峰；而像第二种革命性转变那样的东西是完全不可能或几乎不可能发生的，因为希腊原子论的流传非常有限；由于那种以实际应用为导向的、着眼于发现未知现象的、外向型的自然观察在伊斯兰文明中缺少对应，所以像第三种转变那样的东西从一开始就被排除了。

—— 这三种革命性转变的共同之处是都显示出了一种潜在的发展可能性。这是核心解释。此外，对于每一种转变都可以指出一些特定的原因。最后，这些转变之所以几乎同时发生，这与当时欧洲相对于其他伟大文明的某些特性有关：拥有更大的开放性、好奇心和动力，更强烈的个体主义，明显的外向性，更愿意在积极的尘世生活中寻求拯救等等。当然，所有这些并不能保证这种潜在的发展可能性真的能够实现，但的确增加了其实现的机会。

——在上述原因当中，没有一个能够完全解释现代科学的产生。发展潜力的实现从来也不是一种强制性的现象。科学革命也可能不发生，或者稍后在另一种文明中发生，比如经过某种自然认识方式的移植在欧洲在美国或亚洲的殖民地发生。

267　　　至于第二个问题，即三种革命性的自然认识方式为什么能够幸存下来，我们同样以直截了当的断言形式回答如下：

——在持续到 1645 年左右的革命性转变的第一个时期，不可避免地引发了一场合法性危机。特别是运动微粒的哲学，也包括"实在论的－数学的"自然认识，都使局外人感到非常奇怪；在许多人看来，其世界观推论意味着亵神。没过多久，在意大利、荷兰和法国就围绕着伽利略和笛卡儿等人产生了激烈的冲突。虽然世俗当局一直控制着事态，但并没有颁布有效的禁令甚至是死刑判决。尽管如此，在一种"政治－神学"挑唆和正在迫近的所有人反对所有人的战争的欧洲氛围中，因审查和自我审查而丧失革新动力的危险一直存在。

——《威斯特伐利亚和约》（1648 年）以及随后英国的君主复辟（1660）给欧洲大陆带来了出路。它们使欧洲没有陷入彻底混乱，一种妥协与和解的氛围也随之产生。与此同时，在欧洲内部，经济、政治和文化的重心从地中海地区转到了西欧北部。这些变化也对新的自然认识产生了影响，特别是 60 年代，在皇家的赞助下，巴黎和伦敦这两个新的中心分别建立了专门致力于促进创新性自然研究的社团。

——通过各种非常有效的措施，这种新的自然研究在世界观上变得中立化了。它的一个结果是使实验占据了中心位置。

——两个最重要的王室之所以在这里采取主动（法国王室甚至不惜巨额开支），与人们对新科学的极大期望密切相关。对于作战和物质财富的增加而言，新科学似乎能够带来很大回报。在 1600 年之前，它已经以较小的规模产生了实际收益，特别是在航运方面。但此时新科学与技艺之间的鸿沟还太宽，尚不能迅速弥合。

——大多数人并没有感觉到这一点，是因为在这个时候，这种期望已经导向了一种意识形态，尤其是在英国。通过诉诸基督教价值，在英国发展出来的培根式意识形态为一种关于科学实用性的信念奠定了基础。它强调的是基督

268

教尤其是新教的一个非常独特的方面，即在这个世界上就可以追求灵魂得救。仅凭这一个理由，像伽利略那样的人物的工作就几乎不可能在伊斯兰文明中继续下去。

——新的自然认识方式不仅幸存下来，而且还发展出了自己的动力。"实在论的－数学的"自然认识方式之所以能够迅速扩展，是因为人们认识到了数学规律性与实验验证之间的复杂互动；运动微粒的自然哲学之所以极具吸引力，而且支持者甚众，一个原因是它能为非专业人士所理解，而且可以提供安全性：这是一个没有风险的新的思想领域；"探索的－实验的"研究的动力则来自与大自然的变化无常所作的不懈斗争。

——特别是后两种自然认识方式，几乎没有为一直潜伏着的任意性设置限制，尽管的确存在着或者一直在有目的地寻求可靠性的判别标准。第二代最优秀的研究者在两种新的革命性转变中找到了出路。现在，自希腊人以来第一次，不同自然认识方式之间的壁垒至少在部分程度上被打破了。这样一来，运动微粒的自然哲学——现在不再作为教条，而是仅仅被用作一种可能的富有成果的假说——便分别与"实在论的－数学的"或"探索的－实验的"自然认识方式结合在一起。前一转变是由惠更斯和年轻的牛顿实现的，另一种则是由波义耳、胡克和年轻的牛顿实现的。

——凭借着这些转变所造就的两种自然认识方式，17世纪的自然研究取得了一些极为重要的成就。但这两种自然认识方式也有自己的界限。牛顿碰到了它们的界限，并且最终觉察到如何突破它们。他在《原理》和《光线》中所记录的研究使他再次以革命性的方式超越了这些界限。在此过程中，他为可靠的自然研究提出了一些新的严格标准。

科学革命首先是一种历史现象。这是一个有着清晰界限的插曲，由六种迥然不同的、既独立又相互连贯的、以各种方式相互交织的革命性转变所组成。随着牛顿完成了第六种革命性转变，这个插曲画上了一个圆满的句号。但从几乎其他一切事物的角度来看，科学革命启动了一系列尚未停止的事件。关于科学的方法、内容、专业地位、体制、社会前提和基础、对艺术和手工艺的彻底改变、全球扩张、以科学的名义垄断理性思想、甚至要求无情地导向一种真正科学的世界观，以及科学所引发的各种反潮流——在所有这些方面，广泛的扩展和巨大的变化一直在发生。在本书的结尾，我想谈谈两种进一步的大规模转变，它们虽然不像科学革命那么激进，但也值得用"革命"加以修饰。

进一步的革命：工业革命和 "第二次科学革命"

我以上总结的1600年与1700年之间的反差并非在每一个

方面都这么巨大。特别是，处理自然界的新的"数学的－实验的"、发现事实的探索型实验方法的功利主义效应，即它们大力鼓吹的彻底改变艺术和手工艺从而有助于繁荣和一般人类福祉的能力，是非常有限的。在实际问题的理论解决方案（比如巴本的充满蒸汽的汽缸或者惠更斯的适于航海的摆钟）与真正可行的解决方案之间一次又一次出现了巨大鸿沟。在 17 世纪，这个鸿沟虽然被遇到和探究，但并没有被弥合。在接下来那个世纪，出现了一批全新的极具天赋的工匠，他们设法至少在自己的专业中弥合了鸿沟。此前我曾提到被约翰·哈里森最终用来解决经度问题的航海钟。出身卑贱、自学成才的哈里森得到了英国议会 20000 英镑的奖励，主要是因为"他的强项，讽刺性地……与其说在于他的聪明才智和手艺（尽管这些都很出色），不如说在于他对钟表学原理的掌握，这远远超过了学识更为渊博的其同时代人，为他们树立了榜样"。

　　我还提到了 1712 年基于巴本想法制造的纽可门的"火机"。一方面，在发现大气压和真空的可能性之前，这种机器永远也不可能制造出来；一种中国的纽可门机是无法想象的。另一方面，纽可门之所以能把巴本的草图变成实际工作的"火机"，甚至让它自我运行，更为长久地保持其交替运动，这完全是因为一种聪明才智，这种聪明才智通常不为最博学的学者所拥有，而只为能够精通其手艺方方面面的工人所拥有。这尤其适用于纽可门所引入的各种联轴器，适用于他通过排气管和发明通气阀而成功地除去了冷凝水和任何剩余的空气。可以用来说明这种新型工程师的一个更高级案例出现在半个世纪以后，那时詹姆斯·瓦特将"火机"改造成了蒸汽机。他承担着修复纽可门机的比例模型的重任，想知道纽可门机能以多快的速度用完蒸汽。他开始测量在每个循环中进入气缸的蒸汽量，从而意识到在发动机的每一个冲程中汽缸冷却所导致的巨大燃料损失。瓦特是幸运的，因为对蒸汽性能的开拓性研究发生在格拉斯哥大学，在那里，尽管社会地位悬殊，他仍有机会与当时世界上关于这一话题的首席专家约瑟夫·布莱克教授经常进行平等讨论。他从布莱克那里得知，应当把比热与温度区分开来，后来事实表明，在彼此不知情的情况下，两人都发现了潜热现象。但瓦特本人所作的进一步研究引导他发现了蒸汽的各种其他关键属性，并使他最终意识到，为了防止浪费大量燃料，应保持气缸接近沸点，而为了制造出可用的真空，需要将气缸冷却到周围大气的温度。瓦特本该有充分的理由断言，他的研究以一种内在不可解决的悖论而告终，这个悖论乃是上帝或大自然为了阻止他对纽可门"火机"的核心进行改进而有意放置的。不过，他一直在苦苦思索，直到春天的一个早晨，他在大草坪上行走时忽然想到了解决方案，即他著名的"分离冷凝器"，这是一个始终保持冷却的次级容器，蒸汽在每一个冲程过后进入它冷凝，而不会显著降低气缸的温度。

　　这里简要重述的故事很典型——一种受过科学训练的新型"工匠"用这些新的设备作出了卓越的技术发明，他们几乎全是英国人。在当时另一个领先的国家法国，人们在以当时可以达到的最高数学复杂性从事科学，与之相比，英国科学家常常在较低的精细水平和抽象程度上工作，而这恰好是与刚才谈到的那种实际发明最相匹配的水平。

271

然而，发明并非是故事的全部。如果没有合适的资金，甚至连瓦特的杰出发现也只能是一个比例模型，或者充其量只是在各处以更高的效率从矿井中排水的机器。众所周知，是企业家马修·博尔顿提供了所需的资金，为瓦特的机器大量投资，并贿赂议会延长其原始专利。这种延长对于把他在伯明翰创立的博尔顿＆瓦特公司变成获得巨大成功的垄断企业是不可或缺的，当 1800 年专利到期时，高压蒸汽机已经占领了早期的大规模工业化市场。事实上，瓦特本人曾经认为自己的设备只不过是一种更省燃料的"火机"罢了，而博尔顿却向瓦特保证，"只为三个郡制造它是不值得的，但为全世界制造它却很值得"，并按照这种信念行事。

在导言中，我提出了一个由来已久的大问题：为什么 1800 年左右，新世界是在欧洲而不是在任何其他先进的文明中从"旧"世界中产生出来的。我在那里宣称，我只回答该问题的一个常常被忽视的特定方面，即现代科学是如何产生的，以及为什么产生于欧洲而不是其他地方。既然我们已经解决了这个问题，并且简要地回到了那个更大的问题，我想界定一下在我看来对其解决方案的最大思想挑战在哪里。一方面，在 18 世纪的英国出现了第一批切实可行的基于科学的技术品，它们在概念上是在科学革命时期准备的，实际上是由（仅限于最著名和最重要的）哈里森、纽可门和瓦特那样的新型工程师制造的。另一方面，需要对这些发明进行投资和推销——毕竟，需要资金投入和销售努力，才能把发明变成真正的创新。事实上，经济史家已经详细解释了为什么到了 18 世纪下半叶，英国的经济状况已经能够造就既有能力、又愿意大规模投资新机器的企业家。国家拥有充足的资金、娴熟的劳动力、充足的基础设施和切实可行的专利法,能以充分可预测的方式行事,使得任意征用变得极不可能。于是,那个大问题就在于解释,两个看似不相关的长期的事件链条的彼此差异甚大的结果如何能在时间(18世纪下半叶)和地点(英国)上重合。这种世界历史上前所未有的商业氛围甘愿投资像蒸汽机这样空前强大的巨型机器,从而把技术发明变成大规模的经济创新,它如何能在这种可能震撼世界的新设备被实际发明出来的那一刻产生出来呢?简而言之,这种非凡的汇合来自哪里?当然,如果没有科学革命就没有工业革命;但如果没有刚才描述的那种商业氛围,也不会有工业革命。众所周知,由于有了像伯明翰"月亮社"(Lunar Society)那样的非正式团体,对于像18世纪的英国(其实适用于当时其他任何社会)那样极具地位意识的社会来说,博尔顿这样的企业家与瓦特这样有着丰富科学技能的工匠之间的社会距离明显缩小了。但这正是目前问题之所在。经济史家与科技史家只有更密切地合作,才能令人满意地解决这个谜。

现在我们来谈谈"第二次科学革命"。旨在以连贯的方式表达19世纪整体变迁的任何可行概念的底线似乎都是,科学事业开始赶上由工业革命和法国大革命所启动的各种现代化进程。

首先,基于科学的技术的出现不仅促进了历史上第一次持续的大规模生产过程,而且还有助于进一步从事科学。工业革命本身的第一推动者,即高压蒸汽机,在萨迪·卡诺那里产生了一种对其基本运作方式的抽象而深刻的研究,从而引出了热力学的第一批基本概念。纺织品的大规模生产需要新的化学品对其进行着色。这催生了化学工业,后者很快又开始迎合农业和药学等其他市场。

与之并行，电学和磁学上的发现是建立电工学产业的基础。

　　从另一个意义上说，工业革命意味着培根式的梦想最终实现了。在我们讨论 17 世纪中叶自然认识事业的合法性危机如何解决的那一章，除了各种中性化的努力，我还援引了培根式意识形态的兴起。这种世俗基督教与通过革命性的自然认识而获得的进步信念的复合，尽管缺乏任何有形的产物，帮助维持了 17 世纪其余时间的研究。在 18 世纪，这种意识形态在多大程度上仍然是科学在其各个方面的合法性来源和可以依托的资源，这很难说。但可以确定的是，主要是通过法国启蒙哲学家的努力，科学因为与启蒙运动的解放运动密切相关而获得了新的合法性。到了 18 世纪末，随着工业革命的到来，一种全新的、真正持久的合法性来源出现了——使越来越多的人实际地或至少可以预见地实现前所未有的繁荣富足，在很大程度上要归功于科学。在本书的第一章，我曾提275 出，倘若没有科学事业的两大现代支柱——其内在的动力和被广泛视为我们繁荣富足的核心，自然认识事业就必定会显示出那种惯常的"繁荣-衰落模式"，而这种模式在 17 世纪的科学革命中第一次被打破，此时其内在的动力第一次显示出来。19 世纪初则有了另一根支柱——主要基于科学的技术成为我们现代生活方式的首要引擎和保证。

　　"第二次科学革命"概念还有更多的方面。它在一种最近以"历史瘾"（history addiction）的名义被概念化的欧洲现象中有许多分支。一直有知识精英的成员对过去感兴趣，因此这一表述并不代表历史感本身的兴起。毋宁说，它标志着过去的民主化，即大多数人在 1800 年左右开始意识到他们自己也有历史。法国革命者当然砸碎了被视为邪恶暴政的过去的纪念碑，但他们同时认为自己积极投身于以激进的方式来创造历史，并认为历史适合以一种新的理性（因为按照十进制排序）日历来标记。拿破仑的征服大军将大块大块的文化遗产从各个国家夺走，并把盗来的雕塑、图画、档案文件等在巴黎为公众展示，从而第一次使历史真正成为公开的，并且在每一个被征服的国家中培育了一种对于共同命运和共同历史的萌芽意识。在几乎所有事物中都越来越深地认识到一个过去的维度，这亦可见于科学事业。自然本身也被认为拥有一段历史。地球的历史因此成为众多研究者的共同关切。培根所说的自然志中的部分内容也开始变成可识别的生物学，到了 19 世纪中叶则引向了达尔文对一种深植于过去的现象的发现，即物种通过自然选择而演化。现在所研究的世界不再是由一个神圣存在所创造和维持的世界，而是世俗发展过程的自主产物。

276

由于法国大革命（如《拿破仑法典》）和工业革命（特别是刚刚开始的大规模生产看起来相同的商品）深刻加剧的事态发展，科学事业的另一种大规模变化是标准化。在科学中，对发现的寻求与其说是被取代，不如说是被规范而系统的田野工作以及通过标准化方法和校准工具进行的实验室研究所补充。越来越多的人着迷于统计数据、单位、标准和地图，以至于许多研究所针对的与其说是自然本身，不如说是科学仪器。诚然，在方才引用的所有例子以及接下来的例子中，几乎没有任何东西是百分百全新的。几乎在每一个案例中，科学革命及其直接继承者即启蒙科学都提供了偶然的先例。更重要的是，正如我们所看到的，科学革命引出了许多全新的发现和程序，它们本质上一直持续至今。但关键是，和第一次科学革命一样，第二次科学革命并没有显示出某种虚幻的凭空创造，而是显示出一种由若干真正的革命性转变所组成的紧密交织的复合。

当法国大革命在欧洲蔓延时，对自然研究的占主导地位的三重划分（即数学、自然哲学和"探索的－实验的"科学）解体了。这个断言也许看起来很奇怪——我难道没有在本书的最后两章坚持说，到了 17 世纪 60 年代，这三种自然知识方式不仅开始在自己的范围内拓展，而且还以极富成效的方式进行前所未有的（尽管是部分程度的）融合吗？的确如此，但关键在于，这段非常灵活的部分融合时期最多涵盖了大约 40 年，在 18 世纪初即宣告结束。在英国、法国和普鲁士这几个 18 世纪的欧洲大国，融合均停止下来，三重划分再次被冻结，这一次是在更加中央集权的、由皇家资助或至少是维持的机构的支持下进行的。虽然数学家之间的交流仍然是拉丁语的和国际的（欧拉在柏林和圣彼得堡之间往来奔波；伯努利几乎在所有欧洲大城市都住过），虽然实验在很大程度上是用方言表达的当地事务，但自然哲学却产生了国家化的"主义"——教条式的思想复合，每一种复合的中心处都有某种或多或少被彻底调整的科学。牛顿主义盛行于英国，笛卡尔主义盛行于法国，而在普鲁士，沃尔夫综合了莱布尼茨哲学的关键要素。这三种自然认识方式（数学的、实验的、自然哲学的）在国家的学院中得以确立，每一种都独自得到研究，直到法国大革命再次让事情起变化，欧洲各地开始努力进行新的融合。一个主要成果是，托马斯·库恩所说的数学科学与培根科学（或者我所说的发现事实的实验科学）在 19 世纪得到有效融合。库恩对这一重要事件的标明使他在

1961 年第一次谈及（尽管是顺带的）"第二次科学革命"。

从这种融合中出现了对科学的一种新的学科分类，从而产生了天文学（唯一具有明显可辨识的学科史的领域，尽管在很大程度上也要包括占星术）、物理学、化学、生物学、地质学，等等。其各自的从业者开始聚集在自己的共同体中，发展出共同的身份，创办学科期刊。有兴趣的外行、工程师、军官和其他非专业人员被立即禁止。专业课程得到设置。科学突破了艺学院的预备课程（与大学本身一样古老）。大学开始意识到一种超出其惯常教学角色的研究使命。除大学以外，博物馆（自法国大革命以来对公众开放）以及试验站和国家实验室等新成立的机构也被赋予了它们在高级研究中的角色。

在数学与"探索的-实验的"科学的融合中如此显著的统一趋 278
势产生了一系列科学综合。一些重要的例子有：演化论、细胞理论、细菌学、以"能量"这个新概念为中心的热力学、电磁场理论、周期系统、天体物理学和物理化学等。几十年前，我在研究 17 世纪的音乐科学时开始思考的正是这种统一趋势，阅读亥姆霍兹的《论音调的感觉》（*Tonempfindungen*，1863 年）使我想到了当时正在隐约流传的"第二次科学革命"的想法。这本重要著作似乎将以前分离的各个要素平滑地组合在一起，加之亥姆霍兹的论证风格和对科学仪器的讨论方式，这种组合与我甚至在最好的 17 世纪研究著作中遇到的任何东西都不一样。这段经历使我直觉地感到，我们今天的科学不仅肯定在许多重要方面都是科学革命的扩大产物，而且也是另一种后来的革命性转变的产物，用"第二次科学革命"这一表述来形容它似乎非常合适。"表述"意味着它还不是一个概念。我在上面列出的其实是一张清单，其各个条目已经在一些全面的、看似合理的标题之下作了分类。这些不同条目之间存在着某种相互的连贯性，这似乎也非常合理；但要定义那种连贯性，即对目前仅仅是一个术语、一张清单和一种分类模式的东西加以概念化，则是另一个更具挑战性的问题。在本书中（以及比它更厚也更具专业性的母书中），第一次科学革命已经经历了它的第一次重新定义，以及一种跨越若干文明的解释。但我们还需要对第二次科学革命作更多的分析工作。只有完成了这项任务，我们才能更完整地理解科学是如何变成今天这个样子的。

年表一：1600年之前

	中国	希腊	伊斯兰文明	欧洲
约前600－约前400	早期文本传统	前苏格拉底哲学家		
前427－前322	早期文本传统	柏拉图、亚里士多德		
约前300－约前150	改进宇宙论	黄金时代		
约前200－约200	汉代的综合			
约150	改进和完善	托勒密		
约800	改进和完善		阿拔斯王朝；翻译	
约900－约1050	改进和完善		黄金时代	
约1140	改进和完善			克雷莫纳的杰拉德在托莱多
约1250		图西		
约1200－约1300	改进和完善			大阿尔伯特、阿奎那
约1300－1380	改进和完善			中世纪的黄金时代
1453	改进和完善		征服君士坦丁堡	君士坦丁堡被攻陷；翻译
约1450－约1600	改进和完善			文艺复兴时期的黄金时代

年表二:1600—1700年

	外部事件	开创性研究
1592—1610		伽利略在帕多瓦研究新的运动观念
1600		吉尔伯特,《论磁》
1609		开普勒,《新天文学》
1610		伽利略,《星际讯息》
1613		伽利略致公爵夫人的信
1616	罗马天主教会谴责哥白尼的学说	
1618	三十年战争爆发	贝克曼与笛卡儿在布雷达会面
1619		开普勒,《世界的和谐》
1620		培根,《新工具》
1627		培根,《新大西岛》
1628		哈维,《心血运动论》
1632		伽利略,《关于两大世界体系的对话》
1633	伽利略受审	
1637		笛卡儿,《方法谈》
1638		伽利略,《关于两门新科学的谈话》
1639—1645	笛卡儿与富蒂乌斯的争论	
1644		笛卡儿,《哲学原理》

续表

	外部事件	开创性研究
1644—1649	卡文迪许家族流亡巴黎	
1648	《威斯特伐利亚和约》	
1652—1656		惠更斯研究碰撞现象
从 1657 起	法国关于笛卡儿学说的争论	
1660	斯图亚特王朝复辟	
1661		波义耳,《怀疑的化学家》
1665		胡克,《显微图谱》
1666	巴黎皇家科学院成立	
1665—1667		牛顿的"奇迹年"
1673		惠更斯,《摆钟论》
1679		胡克给牛顿写信
1684		哈雷拜访牛顿
1687		牛顿,《自然哲学的数学原理》
1690		惠更斯,《光论》
1704		牛顿,《光学》

阅读建议

首先要感谢 Marita Mathijsen 和 Frans van Lunteren 认真阅读了整个文本,并且不遗余力地提供支持。

除了结语,本书中的所有内容都在我的另一部内容广泛的著作中得到了更为细致和学术的讨论。这部著作主要面向我的学术同仁,即 *How Modern Science Came into the World. Four Civilizations, One 17th Century Breakthrough*(Amsterdam University Press,2010)。而它又基于我先前出版的一部著作 *The Scientific Revolution. A Historiographical Inquiry*(University of Chicago Press,1994),我在书中比较了关于现代科学产生的富有启发性和开创性的工作。

我在那本书中(尽管兼具景仰和批判性)讨论最详尽的作者是李约瑟。他是研究 1600 年以前中国自然认识的伟大先驱者,也是比较科学史的先驱者。他感兴趣的问题是:为什么现代科学产生于欧洲而不是中国。他的研究造就了内容极为广泛的一整套书,其总标题为 *Science and Civilisation in China*。这套书由剑桥大学出版社出版,直到他 1995 年去世仍在继续。第 4 卷的第二部分包含着对苏颂水钟的详细描述。在李约瑟的领导下,Colin Ronan 出版了一套更容易被非专业人士理解的书,其标题是 *The*

Shorter Science and Civilisationin China。Nathan Sivin 是李约瑟的众多合作者当中的一位,他与 Geoffrey Lloyd 合作,在 *The Way and the Word. Science and Medicine in Early China and Greece*（New Haven: Yale University Press, 2002）中对中国和希腊的早期自然认识作了比较。但迄今为止,关于中国自然认识历史按时间顺序的概览尚付阙如。从这种历史中能否看出某些特定的模式,现在还很难说。 283

有一些关于希腊和中世纪自然认识的概览。David C. Lindberg, *The Beginnings of Western Science*（University of Chicago Press, 2nd ed., 2007）非常有用。我关于现代科学兴起之前自然认识衰落的思考起初得益于 Joseph Ben-David, *The Scientist's Role in Society: A Comparative Study*（Englewood Cliffs, NJ: Prentice-Hall, 1971）。

遗憾的是,现在还没有什么以阿拉伯语或波斯语以外的语言写出的著作能在相当程度的科学史水平上全面呈现伊斯兰文明中的自然认识。因此,我只能参考一些分科的研究和专业百科全书。特别是 *Encyclopaedia of the History of Science, Technology, and Medicine in Non-Western Cultures*, edited by Helaine Selin（Dordrecht: Kluwer, 1997）,虽然并非它的所有条目都可靠。

与之前的中世纪和之后的科学革命不同,文艺复兴时期的自然认识通常没有单独讨论。与该主题最接近的是 Allen G. Debus, *Man and Nature in the Renaissance*（Cambridge University Press, 1978）。

关于科学革命, Wilbur Applebaum, *Encyclopedia of the Scientific Revolution. From Copernicus to Newton*（New York and London:

Garland,2000）提供了许多最新信息。希望了解关于科学革命的其他解释的读者可以阅读许多新的易于理解的简明研究著作: Steven Shapin, *The Scientific Revolution*（University of Chicago Press,1996）;
284 John Henry, *The Scientific Revolution and the Origins of Modern Science*（third reprint, Basingstoke: Palgrave Macmillan,2008）; Peter Dear, *Revolutionizing the Sciences. European Knowledge and Its Ambitions, 1500-1700*（Basingstoke: Palgrave,2001）; Lawrence M. Principe, *The Scientific Revolution: A Very Short Introduction*（Oxford University Press,2011）。更详细的内容见 Stephen Gaukroger, *The Emergence of a Scientific Culture. Science and the Shaping of Modernity 1210-1685*（Oxford: Clarendon Press,2006）（这是一套令人叹为观止的丛书中的第一本）。我曾在我那本编史学著作的"补遗"中简要总结和评论了关于科学革命的若干种著作（www.hfcohen.com under 'Books'），并曾在'Two New Conceptions of the Scientific Revolution Compared'（Historically Speaking: The Bulletin of the Historical Society,14,2,April 2013,24-6）中讨论了 Gaukroger 的这部著作。

关于共同促成科学革命的那些学者的详情可参见 Wilbur Applebaum, *Encyclopedia of the Scientific Revolution. From Copernicus to Newton*。更多的细节请参见 Gillispie ed., *Dictionary of Scientific Biography*, 16 vols. New York: Charles Scribner and Sons, 1970 — 1980。2007 年出版了 Noretta Koertge 的修订版 *New Dictionary of Scientific Biography*,补充了许多新的词条,还有一部名为 *Complete Dictionary of Scientific Biography* 的电子版,包含了这两种版本的文本。

接下来,我只提几部关于这个时代最重要的科学家的生活和工作的研究。1948 年曾经出版过一部卓越的德文开普勒传记:Max Caspar, *Johannes Kepler*,它已被译成英文。关于伽利略的生平和工作,最好的研究是 John L. Heilbron, *Galileo*(Oxford University Press,2010)。不幸的是,Stillman Drake 翻译的 *Dialogue Concerning the Two Chief World Systems-Ptolemaic and Copernican*(Berkeley and Los Angeles: University of California Press,1953)过于刻意地试图让伽利略符合现代科学家的形象。关于笛卡儿的研究因作者的国籍和专业兴趣而有很大不同:法语著作强调的方面不同于英语著作,哲学家的工作不同于科学史家的工作。我推荐 Desmond M. Clarke, *Descartes: A Biography*(Cambridge University Press,2006)。关于惠更斯,尚无用英文写成的令人满意的传记,不过用荷兰文写成的 Rienk Vermij, *Christiaan Huygens. De mathematisering van de werkelijkheid*(Diemen: Veen Magazines,2004)对惠更斯的生平和工作做出了简洁可靠的叙述。关于牛顿的标准著作仍然是 Richard S. Westfall, *Never at Rest. A Biography of Isaac Newton*(Cambridge University Press,1980)。这部著作虽然厚达 800 页,但写得很吸引人,1993 年出版了一个名为 *The Life of Isaac Newton* 的不带技术细节的简本。我还想提及 1647 年 10 月 29 日帕斯卡致诺埃尔神父的信,它可以在任何一部帕斯卡全集中找到,比如"Pléiade"版的第 370—377 页。

285

若想对从牛顿到现代的发展情况了解更多,可以看看最近的一些关于整个科学史的概述。每部作品都有自己的优缺点,但其作者都很优秀,都非常有可读性。比如 James E. McClellan III and Harold Dorn, *Science and Technology in World History: An Introduction* (3nd edition, Baltimore and London: Johns Hopkins University Press, 2015)（这是唯一一部同时顾及非西方文明的优秀概览著作）；Peter J. Bowler and Iwan Rhys Morus, *Making Modern Science. A Historical Survey* (University of Chicago Press, 2005); Frederick Gregory, *Natural Science in Western History* (Boston: Houghton-Mifflin, 2007); Chunglin Kwa, *Styles of Knowing: A New History of Science from Ancient Times to the Present* (University of Pittsburgh Press, 2011); John Henry, *A Short History of Scientific Thought* (Basingstoke: Palgrave Macmillan, 2012)。

关于本书中强调的一般历史主题，即《威斯特伐利亚和约》及其影响，参见 Theodore K. Rabb, *The Struggle for Stability in Early Modern Europe* (Oxford University Press, 1975)。世界史研究中最近的创新参见 Patrick O'Brien. "*Historiographical Traditions and Modern Imperatives for the Restoration of Global History*". *Journal of Global History* (Journal of Global History, 1, 1, March 2006, 3-39)。我对欧洲文明外向性的评论源于马克斯·韦伯的洞见，特别是 *Gesammelte Aufsätze zur Religionssoziologie* (Tübingen: Mohr, 1920-2)。目前关于科学革命与工业革命之间"孵化"期的最佳分析工作是 Donald S. L. Cardwell, *Turning Points in Western Technology: A Study of Science, Technology and History* (New York: Science History Publications, 1972) 和 Joel Mokyr, *The Gifts of Athena: Historical Origins of the Knowledge Economy* (Princeton University Press, 2002)。从 1998 年起，我发表了我本人关于这一主题的看

法，最近的是'The Rise of Modern Science as a Fundamental Pre-Condition for the Industrial Revolution'（in P. Vries（ed.），*Global History. Österreichische Zeitschrift für Geschichtswissenschaften* 20，2，2009，107-32）。关于第二次科学革命，我的大部分观点得益于我的同事 Frans van Lunteren 的一篇"严肃文章"。已故的 John Pickstone 曾于 2008 年在牛津组织了一场圆桌会议，受此激励，Frans 和我于 2013 年就这一主题在乌得勒支举办了一次预备性的工作坊，由此产生了某些有价值的洞见，接着便是 2014 年在莱顿举行的会议。最后一本我想推荐的书是关于"历史瘾"的：Marita Mathijsen，*Historiezucht. De obsessie met het verleden in de 19e eeuw*（'History Addiction：The Nineteenth-Century Obsession with the Past'；Nijmegen：Vantilt，2014）。

索 引

（所标页码为英文版页码，即本书边码）

译 后 记

　　H. 弗洛里斯·科恩（H. Floris Cohen）[①]教授是荷兰著名科学史家。他生于 1946 年，早年在莱顿大学学习历史，1975—1982 年任莱顿布尔哈夫博物馆（Museum Boerhaave）馆长，1982—2001 年任特温特大学科学史教授，2006 年 12 月起任乌得勒支大学比较科学史（Comparative History of Science）教授，2015 年起担任国际最著名的科学史期刊《爱西斯》（*Isis*）的主编。其代表作有：《量化音乐：科学革命第一阶段的音乐科学》（*Quantifying Music.The Science of Music at the First Stage of the Scientific Revolution，1580—1650*，1984）、《科学革命的编史学研究》（*The Scientific Revolution. A Historiographical Inquiry*，1994）、《世界的重新创造：现代科学是如何产生的》（*De herschepping van de wereld. Het ontstaan van de moderne natuurwetenschap verklaard*，2007）、《现代科学如何产生：四种文明，一次 17 世纪的突破》（*How Modern Science Came Into the World. Four Civilizations，One 17th Century Breakthrough*，2010）等。

　　[①]　请不要与出版《新物理学的诞生》《牛顿革命》《科学中的革命》等著作的美国科学史家 I. 伯纳德·科恩（I. Bernard Cohen，1914—2003）相混淆。

2010 年，阿姆斯特丹大学出版社出版了科恩教授研究现代科学兴起的巨著《现代科学如何产生：四种文明，一次 17 世纪的突破》。如果说，《科学革命的编史学研究》这部名著是对 20 世纪科学史家关于 17 世纪科学革命的种种看法的梳理和分析，那么《现代科学如何产生》则反映了科恩本人关于科学革命和现代科学兴起的看法。它连同前言厚达 800 多页，出版后立即引起了学界的重视和好评。比如爱丁堡大学的约翰·亨利（John Henry）教授赞誉道："通过全面解释科学的兴起，说明其原因、地点和时间，弗洛里斯·科恩令人赞叹地解决了世界历史上最为紧迫的问题之一。"当然，它所要解决的并不限于李约瑟问题，因为该书内容不仅涉及中国和欧洲，还包括希腊和伊斯兰世界（这正是其副标题"四种文明，一次 17 世纪的突破"的意思），是一部真正从历史比较的广阔视野对科学发展进行审视的著作。正如作者所说："到目前为止，尚无一种可靠而系统的尝试能够解释通向现代科学的关键步骤为何恰恰发生在欧洲，而不是有着发达传统科学的中国或伊斯兰世界？时下流传着太多的陈词滥调和草率回答，但对相关文明中的自然认识作深入系统比较的研究尚付阙如。"而该书正是为了填补这一空白。科恩教授曾当面对笔者说，他自信这本书已经解决了李约瑟问题。虽然李约瑟问题不可能被一劳永逸地解决，就这一问题也已经存在太多解释，甚至连这个问题是否是个伪问题都众说纷纭，但在某种意义上，我很理解科恩教授为什么会这么说，因为那时我刚刚完成了读者手中这本书——《世界的重新创造》的翻译草稿（虽然当时我还没有看到《现代科学如何产生》）。

　　《世界的重新创造》乃是科恩教授在《现代科学如何产生》出版之前用通俗语言为普通读者所写的后者的普及版。它与后者在语言的专业性和难度上有显著差别，但基本思路是一致的。本书打破了学界关于"17世纪科学革命"的流行叙事方式，以宽广的视野对不同文明的自然认识作了深入而系统的比较，极具原创性地把科学革命归结为六种截然不同而又密切相关的革命性转变，从而解释了现代科学为何最终产生于欧洲而非古希腊、中国或伊斯兰世界，更别具慧眼地关注了现代科学为何能在欧洲持续下去这一新问题，观念令人耳目一新，论述极具说服力。虽然是面向普通读者而作，但书中不少内容读来并不轻松，行文各处闪现出作者睿智的思想火花。科恩教授的比较方法以及对科学发展动力的研究极具原创性，其卓越的叙事能力也令人叹服。大量历史事实和历史观念以明确的线索被自然串在一起，在别具一格的叙事中各归其位。本书为关于17世纪科学革命的叙事增添了浓墨重彩的一笔。可以预见，学界日后谈及科学革命时，即使不是完全接受，也无法绕过这两本书所体现的思路。

　　关于这一思路，科恩教授在结语部分已经作了简要而清晰的概括，这里不必赘述。不过，先看结语和读完全书后再看结语的感受是完全不同的。读者切不可为了图快、图省事只看结语而不遍阅全书，那样对结语中的概括只能了解个大概，无法深刻体会全书内涵，这是很大的损失。为了帮助读者把握全书的思路，这里不妨对科恩关于构成科学革命的六种革命性转变加以梳理和总结。

　　为了避免今天的读者把历史上的自然认识与现代科学中的典

型概念和做法联系起来,科恩用"自然认识形式"(Form der Nat-urerkenntnis,mode of nature-knowledge)这一较为陌生的概念来替代"科学",以此作为历史分析的单位。[①] 在某种程度上,每一种自然认识形式都是一套融贯的解释自然现象的方法,在许多方面不同于其他自然认识形式。科恩认为,科学革命之前存在三种自然认识形式:

古希腊产生了"雅典"和"亚历山大"两种截然不同的自然认识形式。"雅典"表现为自然哲学的理论构建,包含柏拉图学派、亚里士多德学派、斯多亚学派和以伊壁鸠鲁为代表的原子论学派。这四种学派各自的自然哲学以及对变化的解释相当不同,但它们都提出了具有绝对确定性的第一原理来说明整个世界的性质。"亚历山大"则表现为"抽象的-数学的"方法,这种方法不试图解释,而是用数和图形进行证明,与实在的联系不密切。在"亚历山大"的研究中,与实在发生某种联系的只有协和音、光线、固体的平衡状态、液体中的平衡状态、行星的视位置这五个领域,而这也是因为这些领域适合作抽象的数学处理,而各领域的研究彼此之间并无关联,更不用说像"雅典"那样的总体关联。

第三种自然认识形式是在文艺复兴时期的欧洲产生的,它注重精确的观察和实际应用,认为真理不能从理智中导出,而只能到精确的观察中去寻找,目的是实现某些实际的目标。

---

① 这种反辉格的努力还可见于他在解释"五行"时把它译成"五种变化阶段",而且指出:"如果用一个现代词汇来翻译'气',那么最好用'物质-能量'这个人为的复合概念来理解它的含义。"对于一个不谙汉语的外国学者来说,能够这样理解中国文化已是难得可贵了。

科学革命的六种革命性转变正是建立在上述三种基本的自然认识形式基础之上。

第一种革命性转变：从"亚历山大"到"亚历山大加"或"实在论的－数学的"自然认识形式。这里的"加"表示"抽象的－数学的"自然认识形式在开普勒和伽利略那里获得的实在性内容。（今天我们用来表述这种自然认识形式的常用术语是"自然的数学化"。）"抽象的－数学的"自然认识第一次获得了与实在的密切关联，并且开始对"亚历山大"五个领域之外的自然现象作数学处理。其代表人物是开普勒、伽利略。

第二种革命性转变：从"雅典"到"雅典加"或"运动微粒的哲学"。这里的"加"为古代原子论学说补充了一种新的运动观念，赋予了它某种现代的物理学特征。它把古代原子论的物质微粒与运动机制联系起来，产生了新的解释模式。其代表人物是贝克曼、笛卡尔、伽桑狄等。

第三种革命性转变：在以实际应用为导向的自然研究中，出现了一种从自然条件下的观察到"探索的－实验的"系统研究的转变。通过实验发现事实，让自然产生出不会自发产生的现象。其代表人物是培根、吉尔伯特、哈维、范·赫尔蒙特等。

第四种革命性转变：用微粒扩充数学自然认识，即"雅典加"与"亚历山大加"的结合，惠更斯的功绩是"像笛卡尔那样从运动微粒出发，然后像伽利略那样进行数学处理"。其代表人物是惠更斯和年轻的牛顿。

第五种革命性转变：培根式的混合，即"雅典加"与"第三种认识方式"的结合，用探索型实验限制微粒思想的任意性，是运动微粒与实验的混合。其代表人物是波义耳、胡克和年轻的牛顿。

第六种革命性转变：牛顿完成综合，即"雅典加"、"亚历山大加"与"第三种认识方式"的综合，或者说思辨、数学与实验的综合。其代表人物是牛顿。

本书不仅试图回答现代科学是如何产生的，而且试图回答它产生之后为何能够持续下去。科恩指出，一般而言，某种自然认识形式在经历上升期之后会繁荣一两个世纪左右，但由于无法维持高水平，每一次都会以急剧衰落而告终（这并不排除有时会有个别人在衰落期做出重要成就），除非遇到新的刺激。伊斯兰文明、中世纪的欧洲以及文艺复兴时期的欧洲都遵循着这一本质上相同的模式。现代科学的持续与现代科学的产生同样奇特，新的自然认识形式的持久存在违背了所有历史经验，因此它本身是需要解释的。历史学家应当试图说明为何 17 世纪的欧洲没有出现停滞，而不是为何较早的文明出现了停滞。

史蒂文·夏平（Stephen Shapin）等科学史家认为，所谓的 17 世纪"科学革命"其实根本不是革命，而是一个没有明显停顿和断裂的渐进过程。科恩不同意这种看法，他用三种自然认识形式在 17 世纪发生的革命性转变令人信服地表明，1600 年与 1700 年在许多方面都存在着巨大的反差，而且为此后发生的巨大转变铺平了道路。世界在 17 世纪的欧洲被重新创造出来，我们至今依然生活在这个充满裂隙的"新"世界之中。

关于李约瑟问题，笔者也曾简单地认为它是个伪问题，中国没有产生出现代科学是一件再自然不过的事情，似乎根本不需要去解释。但在译完本书之后，笔者发现问题并不那么简单，从某些恰当的角度对其进行思考颇能给人以启发。科恩当然不认为这是个伪问题,正如他所说:"中国没有出现伽利略或牛顿,这只是纯粹的巧合吗?这个问题经常会被提出来,回答也可谓多矣。关于这个问题的讨论往往会蜕变成一种集体参与的娱乐游戏,每一位参与者都会给出他最喜欢的解释,比如所谓中国人缺乏逻辑思维能力,或者据说是因为有一种强大的官僚体制窒息了各种求知欲。出于对这些往往缺乏根据的轻率臆测的不满,一些研究中国的专家认为这个问题是无解的,甚至称问题本身就毫无意义。但这就走得太过了。诚然,从一种复杂的文明中挑选出个别要素,然后由另一种文明中缺少这些要素而推论出那里不可能产生现代科学,这是毫无意义的。但就某些基本条件对文明进行考察和比较还是完全有意义的。对我们来说特别涉及这样一个问题,即根本的革新在总体上、特别是在自然认识上是如何实现的。"

科恩认为,中国的自然认识主要体现了一种关联的、相互联系的思想。道、气、五行、阴阳这四种基本概念反映了这种思维方式,它们最终发展成为中国的世界图景。然而,不同思维模式的发展潜力是否能够展现出来,首先依赖于自然认识形式是否可能得到移植。在现代以前自然认识的历史中,当交流以"文化移植"的形式进行时,就特别容易带来创新。在历史上,希腊的自然认识曾经发生过多次移植,而中国则一次都没有发生过。每一次自然认识的移植背后几乎总有军事事件在推波助澜。第一次文化移植把希腊的自然研究带到了巴格达,它是早期哈里发的征服运动和第一次伊斯兰内战(公元 760 年左右)的结果;第二次文化移植发生在12 世纪的托莱多,它源于西班牙的收复失地运动;第三次文化移植发生在意大利，源于土耳其人攻占君士坦丁堡（1453 年）。而中国本土的自然认识思想却从未与完全不同的文明有过富有成果的对抗。

无论科恩的这种思路是否恰当，对中国自然认识的概括是否过于简单，在我看来，本书的主要价值并不在于提供了一种理解中国古代自然认识的方式，而在于从历史比较的视野对欧洲科学革命的思想传承和流变作了异常清晰的梳理。这种梳理既蕴藏着必然性，也没有排除历史的偶然性。其分析思路很好地综合了内史和外史等多方面的考虑，毫不偏激，令人信服。相信读者读完之后自有评判。

最后说说翻译情况。《世界的重新创造：现代科学是如何产生的》原文为荷兰文，主标题为 *De herschepping van de wereld*，译成英语相当于 The Re-creation of the World，所以应译为"世界的重新创造"。我曾于 2011 年将它由德译本 *Die zweite Erschaffung der Welt* 译成中文，在湖南科技出版社的"科学源流译丛"出版。2015 年，剑桥大学出版社出版了 *The Rise of Modern Science Explained: A Comparative History* 一书，它其实是《世界的重新创造》的英译本，只不过科恩教授几乎重写了结语，其他地方改动很小。在本书拿到商务印书馆再版之际，我本应从头到尾按照英译本校对一遍旧稿，但正如科恩教授所说，德译本质量是有保证的，这个英译本的质量其实还不如德译本（我经过认真对照也有此判断）。他建议我只需将结语部分重新译出，其他地方则不必对照。我基本上这样做了，只是对旧译本作了部分调整，较为明显的改动有：把"发现型实验"改成了"探索型实验"，把"发现的－实验的"改成了"探索的‐实验的",把"近代"改成了"现代"。尽管我已经做了不小的努力,但中译本中存在的问题一定还有不少,恳请广大读者批评指正!

张卜天

清华大学科学史系

2018 年 8 月 14 日

图书在版编目（CIP）数据

世界的重新创造：现代科学是如何产生的 / （荷）弗洛里斯·科恩著；张卜天译. — 北京：商务印书馆，2020（2023.4 重印）
（科学史译丛）
ISBN 978-7-100-18109-9

Ⅰ.①世… Ⅱ.①弗… ②张… Ⅲ.①自然科学史－世界－普及读物 Ⅳ.①N091-49

中国版本图书馆 CIP 数据核字（2020）第 019575 号

科学史译丛

世界的重新创造：
现代科学是如何产生的

〔荷〕H.弗洛里斯·科恩 著

张卜天 译

商 务 印 书 馆 出 版
（北京王府井大街 36 号 邮政编码 100710）
商 务 印 书 馆 发 行
北京中科印刷有限公司印刷
ISBN 978 - 7 - 100 - 18109 - 9

2020 年 6 月第 1 版　　　　开本 880×1230 1/32
2023 年 4 月北京第 3 次印刷　　印张 10⅛

定价：62.00 元